Samen, Früchte und Keimlinge

der in

Deutschland heimischen oder eingeführten forstlichen Culturpflanzen.

Ein Leitfaden

zum Gebrauche bei Vorlesungen und Uebungen der Forstbotanik,
zum Bestimmen und Nachschlagen für Botaniker, studirende und ausübende
Forstleute, Gärtner und andere Pflanzenzüchter.

Von

Dr. Karl Freiherr von Tubeuf

Privatdozent an der Universität München.

Mit 179 in den Text gedruckten Originalabbildungen.

Berlin.
Verlag von Julius Springer.
1891.

ISBN 978-3-642-52146-1   ISBN 978-3-642-52156-0 (eBook)
DOI 10.1007/978-3-642-52156-0

Vorwort.

Da nur durch das Zusammenwirken von Collegien, Exkursionen und Uebungen in den meisten naturwissenschaftlichen Disciplinen ein vollständiger Lehrerfolg zu erreichen ist, halte ich für die Studirenden der Forstwissenschaft an hiesiger Universität auch Uebungen in der Forstbotanik ab. In denselben sollen die Formen der forstlich wichtigen Gewächse und ihrer Theile durch wiederholte, genauere Betrachtung und Prüfung auf besondere konstante Merkmale dem Gedächtnisse fester eingeprägt und erhalten werden. So wird die spezielle Kenntnis des Holzes und seiner anatomischen und technischen Eigenschaften durch Bestimmung von Holzstücken nach R. Hartigs „Die anatomischen Unterscheidungsmerkmale der wichtigeren in Deutschland wachsenden Hölzer" mit und ohne Rinde, makroskopisch und auch nach mikroskopischen Präparaten erworben.

Die Bestimmung von Zweigen unserer Bäume und Sträucher im Winterzustande kann mit Tabellen von Willkomm, Nobbe oder anderen vorgenommen werden.

Zur Bestimmung der belaubten Zweige, wie besonders der wichtigeren Weiden, der parasitären Pilze, der von diesen ergriffenen „pathologischen Objekte" sowie der Früchte, Samen und Keimlinge müssen aber eigene Tabellen aufgestellt und benützt werden, da eben hierüber nirgends genügende Zusammenstellungen existiren und da besonders genaue Abbildungen der Keimlinge und vieler Samen fast gänzlich fehlen oder nur einzeln in der Litteratur zerstreut sind. —

Aus einer derartigen Tabelle zum Gebrauche bei unseren Bestimmungs-Uebungen ist das vorliegende Lehrmittel geworden. Es dürfte aber auch von Gärtnern, pflanzenzüchtenden Forstbeamten, Landwirthen und Besitzern von Park- und Waldanlagen zum Nachschlagen und Vergleichen benützt werden.

Besonders mag es auch als Grundlage bei Bestimmung forstlicher Samen an den so überaus wichtigen Samenkontrollstationen, oder wo diese noch fehlen, bei der selbstausübenden Privatkontrolle dienen können.

Die grosse Anzahl der Abbildungen soll diese Arbeit erleichtern, die Bestimmungssicherheit vergrössern und die Formen dem Gedächtnisse fester einprägen. —

Für die botanische Wissenschaft mag das gewonnen sein, dass durch genauere Beobachtung der Objekte in der Natur eine Reihe fehlerhafter älterer Angaben, welche sich in vielen Lehrbüchern noch finden, als unrichtig erkannt und beseitigt wurden.

Es darf ferner als ein Stein zum Ganzen betrachtet werden, dass die Jugendformen vieler Holzpflanzen hier genauer beschrieben und abgebildet sind, deren Kenntnis wie Professor Luerssen (Zeitschrift für Forst- und Jagdwesen von Oberforstmeister Dr. Danckelmann 1886) sagt: „gerade so, wie ein genaueres Studium der Morphologie und Anatomie der älteren Pflanze, zu manchen auch für eine bessere Systematik werthvollen Beobachtungen führen wird." Was von den Keimlingen gilt, hat aber ebenso seine Richtigkeit für die Samen. Sind nun auch die Laubholz-Früchte und Samen meist schon genau beschrieben, so trifft dies nicht bei den Samen der Nadelhölzer zu. Insbesondere wurde der Flügel derselben noch nirgends in eingehender, vergleichender Weise dargestellt, und gerade über ihn finden wir die auffallendsten und viele durchaus unrichtige Angaben und falsche Vorstellungen verbreitet. —

An benutzter Litteratur ist hauptsächlich zu nennen M. Willkomm „Forstliche Flora“, der ich mich besonders bei Beschreibung der Laubholzfrüchte vielfach angeschlossen habe, Döbener-Nobbe „Botanik für Forstmänner“ und Nobbe „Samenkunde“, Hess „Die Eigenschaften und das forstliche Verhalten der wichtigeren in Deutschland vorkommenden Holzarten“ und Luerssen „Die Einführung japanischer Waldbäume in die deutschen Forste“. In der Coniferen-Nomenclatur bin ich L. Beissners „Handbuch der Coniferen-Benennung“ gefolgt, im System dem in K. Prantls Lehrbuch der Botanik angewendeten Eichlerschen.

Die Familiennamen sind den Arten beigesetzt, so dass leicht die zugehörige Diagnose bei Prantl, Luerssen, Willkomm, Nobbe oder in anderen Werken nachgelesen werden kann. — Die angefügten allgemeinen Bemerkungen beziehen sich auf das hier behandelte Material. Die Zeichnungen führte ich nach meist eigenen und vielfach von mir gesammelten Exemplaren oder nach Objekten der hiesigen forstbotanischen Sammlungen und nach selbsterzogenen Keimlingen aus. Zum Vergleiche dienten Samensendungen verschiedener Handlungen und einige Keimlinge, welche ich der Güte des Herrn Gartenmeister Raatz verdanke. —

Indem ich das Buch der Oeffentlichkeit übergebe, bitte ich es mit Wohlwollen aufnehmen und mich durch gütige Mittheilung wünschenswerther Aenderungen und Ergänzungen im Interesse der Sache erfreuen zu wollen.

Zugleich hoffe ich durch diesen hier skizzirten Grundriss einer forstlichen Samen- und Keimlingskunde eine kleine Lücke ausgefüllt, zur Verbreitung der Kenntnis unserer Bäume und Sträucher beigetragen und zu weiterer Arbeit auf diesem Gebiete angeregt zu haben.

München, Oktober 1890.

v. Tubeuf.

Inhalt.

Einleitung.

Die Samen der Nadelhölzer (Gymnospermen) sitzen, ohne von einem Carpell eingeschlossen zu sein, frei auf der Samenschuppe. Der sich bei den Abietineen vielfach vom Samen loslösende Flügel bedeckt zur Blüthezeit die Oberfläche des Eichens (Ovulums) bis auf die Kernwarze (resp. Micropyle), auf welche die Pollenkörner somit direkt gelangen können. Durch das trichterartig ausbiegende Integument werden sie zu derselben hingeleitet. Die Samen der Laubhölzer (Angiospermen) sind in dem aus einem oder mehreren Carpellblättern gebildeten Fruchtknoten eingeschlossen. Die Pollenkörner müssen in Schlauchform durch Narbe und Griffel in den Fruchtknoten und so zur Eizelle wachsen.

Der Same entwickelt sich aus dem befruchteten Ovulum, der Eiknospe; die Samenschale aus der Schale des Ovulums, dem Integument, welches bei Nadelhölzern meist einfach, bei Laubhölzern zweifach ist.

Die Samenschale besitzt oft verschiedene Schichten. Häufig zeigt sie noch deutlich den früheren Eimund (Micropyle), oft ist ihre Ansatzstelle besonders deutlich hervortretend, so bei Aesculus, Pavia etc., zuweilen ist auch noch ein besonderer Nabelstrang (Träger des Ovulums) dem Samen anhaftend.

Bei Samen, welche aus nicht geraden (in der Richtung der Blüthenachse sitzenden), sondern umgekehrten oder halbumgekehrten Eiknospen sich entwickelt haben, ist meist eine Samennaht (Raphe), das Gefässbündel des Knospenträgers, deutlich entwickelt. Diese findet sich bei Cupuliferen, Viburnum Lantana, Hedera und anderen einfach, bei Prunus, Amygdalus, Corylus verzweigt.

Seltener findet man besondere Auswüchse der Samenschale wie die Bildung der weichen Schicht bei Ginkgo, den Haarschopf bei Salix und Populus.

Im Innern der harten, aus den Integumenten gebildeten Samenschale findet man oft noch eine aus Perisperm (Kerngewebe) gebildete Haut, die sogenannte innere Samenhaut, wie sie z. B. bei Ginkgo sehr derb ausgebildet ist und sich zwischen Schale und Samenkern (der bei allen Gymnospermen im Embryosack Endosperm (Sameneiweiss) enthält) ablöst.

Der Same selbst kommt bei allen Nadelhölzern, mit Ausnahme von Juniperus, als solcher in den Handel und zur Saat, ebenso der Same der Laubhölzer mit aufspringenden, Samen entlassenden Früchten und manchen Beeren und Scheinfrüchten. Bei allen übrigen Laubhölzern und den Beerenzapfen von Juniperus, welche durch ein Verwachsen der Deckschuppen, auf denen die nackten Samen stehen, sich bilden, kommen Früchte oder Scheinfrüchte in den Handel und zur Aussaat.

Die Früchte entwickeln sich aus den befruchteten Fruchtknoten; sie können ein oder mehrere Fruchtknotenfächer enthalten, diese wieder einen oder mehrere Samen.

Die Scheinfrüchte entstehen dann, wenn sich bei der Fruchtbildung ausser den Fruchtknoten noch andere Theile der Blüthe, wie Perigon, Blüthenboden etc. betheiligen.

Die Samen der Nadelhölzer sind grossentheils geflügelt, die Samen der Abietineen durch einen von der Schuppe sich abtrennenden Theil, bei den Cupressineen durch Auswachsen der freien Samenschale, des Integumentes; bei den Laubhölzern sind vielfach die Früchte geflügelt durch Auswachsen der Fruchtknotenwandung (Fruchtschale).

Die Flügelbildung der Coniferen giebt ein gutes diagnostisches Merkmal ab, ebenso der Bau der Fruchtknotenwand bei den Dicotyledonen. Diese (das Pericarp) ist in 3, oft sehr verschieden ausgebildete Schichten getrennt, das Epi-, Meso-, Endocarp, welche im speziellen Theile mehrfach beschrieben werden.

Das Ovulum ist von dem oder den Integumenten (Samenschale) umgeben, es enthält häufig einen bei den einzelnen Familien erwähnten Reservenahrungsstoff, Eiweisskörper, Endosperm, in dem der sogenannte Kern (Nucleus) mit der Eizelle liegt. Die befruchtete Eizelle entwickelt sich zum Embryo, an dem im Samen schon Würzelchen, Knospe und Cotyledonen zu unterscheiden sind. Ist ein Endosperm vorhanden, so wird es von dem Embryo aufgesaugt. Die Cotyledonen sind selbst öl- oder stärkereich und werden im Samen bleibend ausgesaugt, oder sie werden aus demselben gezogen und über die Erde gehoben. In diesem Falle tragen sie assimilirend zur ersten Ernährung der jungen Pflanze bei. Sie fallen schliesslich nach Wochen oder Jahren wie andere Blätter vertrocknend von der Achse ab.

Die junge Pflanze entwickelt ausser den Cotyledonen meist noch ein oder einige Primärblättchen, welche abweichend von dem Bau der alsdann sich bildenden typischen Laubblätter ausgebildet sind.

Die Cotyledonen erscheinen bei den Laubhölzern normaler Weise wie auch bei einem Theile der Nadelhölzer in der Zweizahl, ausnahmsweise kommen einige Laubhölzer auch mit 3 Cotyledonen vor. Die Abietineen tragen meist eine grössere Anzahl derselben.

I. Theil.

Samen und Früchte.

A. Samen
der in Deutschland angebauten forstlich wichtigen
Nadelhölzer.

Verzeichniss der besprochenen Arten, nach dem System geordnet.

I. Cupressineae.

Libocedrus decurrens.

Thuja gigantea, plicata, occidentalis, Standishi.

Thujopsis dolabrata.

Biota orientalis.

Chamaecyparis Lawsoniana, pisifera, obtusa.

Cupressus sempervirens.

Juniperus Sabina, virginiana, communis, Oxycedrus.

II. Taxodieae.

Cryptomeria japonica.

Taxodium distichum, (sempervirens).

Wellingtonia gigantea.

III. Taxaceae.

Taxus baccata.

Ginkgo biloba.

    (IV. Podocarpeae.)

V. Araucarieae.

(Cunninghamia sinensis, Araucaria.)

Sciadopitys verticillata.

Anm. Die Besprechung der Nadelholzsamen konnte in der Ordnung der Bestimmungstabelle erfolgen, was bei den Laubholzsamen nicht möglich war. Bei diesen wurde die systematische Reihenfolge eingehalten.

VI. Abietineae.

Pinus.   1. Zweinadler (Pinaster).

P. Pinea, Sabiniana, Pinaster, silvestris, montana, Laricio, resinosa, densiflora, Thunbergii.

2. Dreinadler (Taeda).

P. ponderosa, Jeffreyi, rigida.

3. Fünfnadler (Cembra).

P. Cembra.

4. Fünfnadler (Strobus).

P. excelsa, Strobus.

Cedrus.

(Pseudolarix.)

Larix europaea, leptolepis.

Picea.

P. alba, excelsa, (obovata), Morinda, polita, orientalis, Alcockiana, Omorica, sitchensis.

Tsuga canadensis, Sieboldii.

Pseudotsuga Douglasii.

Abies.

A. pectinata, Nordmanniana, cephalonica, firma, sibirica.

Die Unterscheidungsmerkmale der Nadelholzsamen.

Als hauptsächlichstes Unterscheidungsmerkmal bei der folgenden Tabelle diente neben der Samengrösse die Ausbildung des Flügels und besonders seines das Samenkorn bedeckenden Theiles. Dieser löst sich bald vom Samenkorn ab, bald haftet er stückweise an ihm, und manchmal ist er mit demselben theilweise oder sogar auf seiner ganzen Fläche fest verwachsen. In diesem Falle giebt er meist dem Samen auf dieser Seite den Glanz, welchen er selbst oben besitzt. Die Gestalt des äusseren Flügeltheiles ist je nach der Form der Samenschuppe, also auch innerhalb desselben Zapfens, wechselnd.

Der Flügel der Abietineen trennt sich von den Samenschuppen, auf welchen das Ovulum sitzt und von dem Flügel bis auf die Micropyle eingeschlossen ist.

Die obere, den Samen bedeckende Flügelfläche ist bei Pinus-arten in der Jugend stets vollständig intakt.

Später aber verschmilzt dieselbe (bis auf die Zange) bei P. Strobus, excelsa und Peuce mit der Oberfläche des Samens, während sie bei den übrigen Pinusarten mehr oder weniger spröde vom Samen sich abtrennt. Bei den meisten Arten wird sie zerrissen und verschwindet (da wohl der Same noch wächst, wenn der Flügel sein Wachsthum eingestellt hat). So verschwindet sie bei P. Cembra, wo einzelne Theile auf der gegenüberliegenden Deckschuppe haften, sie verschwindet bis auf die Zange bei P. Pinea, montana, silvestris.

Bei Pinus ist die „Zange" nicht mit dem Samen verwachsen, sie löst sich bei den meisten Samen leicht von diesen los. Sie ist dagegen fest anliegend und auf die Ober- und Unterseite ziemlich weit übergreifend bei P. Strobus, excelsa, Cembra etc., so dass sie von diesen Samen sich von selbst nicht trennt, wohl aber in feuchtem Zustande abgelöst werden kann. Von selbst trennt sie sich leicht bei P. silvestris, montana, Laricio etc.

Bei einigen Arten aber verschwindet nur ein verhältnismässig geringer Theil des Flügels, so bei P. Banksiana, contorta, Murrayana, inops, und zwar so, dass bei einzelnen Samen die Flügeloberfläche ganz oder bis auf einen Längsriss (wie bei allen Pinusarten in jugendlichem Stadium) erhalten ist, während einzelne Samen meist vorhanden sind, bei welchen die Oberfläche des Flügels so weit geschwunden ist, dass nur eine breitere Zange übrig bleibt. Ein prinzipieller Unterschied zwischen diesen Samen und den anderen mit zangenförmigem Flügel besteht nicht.

Bei Picea fehlt die Zange des Flügels, der die Samenoberfläche bedeckende Flügeltheil bleibt unzerrissen, intakt und löst sich leicht vom Samenkorn ab. „Entflügelte" Fichtensamen sind von Kiefernsamen, an welchen keine Reste des Flügels und dessen Zange mehr haften, durch die im Texte angeführte Grösse, die meist gleichmässige kaffeebraune Farbe und gedrehte Spitze zu unterscheiden.

Der Flügel von Abies, Larix, Cedrus, Tsuga, Pseudotsuga ist mit dem Samenkorn fest verwachsen, kann nicht von ihm abgetrennt werden und greift vielfach sogar auf die Unterseite des Samens über.

Bei den Cupressineen werden die 2 Flügel vom freien ausgewachsenen Integument (Samenschale) gebildet.

Die Samen der Juniperinen sind in die fleischigen Fruchtblätter eingeschlossen (Wachholderbeeren).

Die Samen der Taxusarten stehen frei innerhalb eines fleischigen, oben offenen Bechers, des Arillus, welcher sich nachträglich von der Blüthenachse aus gebildet hat.

Bei Ginkgo wird die Aussenschicht des Integumentes fleischig.

Genustabelle der Nadelholzsamen.

A. Geflügelte Samen.

I. Mit einem grossen Flügel: Abietineen.

  1. Flügel vom Samen ablösbar.

    a. Flügel, den Samen zangenförmig umfassend.

        Pinus.

    b. Löffelartig den Samen auf der Oberseite bedeckend.

        Picea.

  2. Flügel mit den Samen verwachsen, Flügel glänzend, unbedeckter Theil mattbraun.

    a. Flügel auch die Unterseite des Samens bis auf das oberste Drittel bedeckend. Same weich, Samenhülle mit Harzlücken.

      α. Same gross.   *Abies.*

      β. Same sehr klein.   *Tsuga*

    b. Flügel nur den untersten Rand der Samenunterseite bedeckend.

      α. Matter Theil einfarbig, bräunlich, Same hart, ohne Harzlücken.   *Larix.*

      β. Matter Theil weiss und braun gesprenkelt, Same hart, grösser wie Larix.   *Pseudotsuga.*

    c. Flügel sehr gross, meist nur die Oberseite bedeckend, glänzend, unbedeckte Seite matt, hellbraun. Same weich, Samenhülle harzreich.   *Cedrus.*

II. Same mit **2** Flügeln, nicht ablösbar.

  1. Die 2 Flügel sehr gross, häutig, verschieden ausgebildet. Same länglich walzig; oberseits und unterseits eine kleine Stelle vom Flügel unbedeckt, Same mit Flügel 20 mm lang.

      Libocedrus decurrens.

  2. Same mit zwei gleichen Flügeln, Same flach.

    a. Same über 10 mm lang, Flügel gross, braun.

      Sciadopitys verticillata.

    b. Same bis 7 mm lang.

      α. Same rundlich, an Spitze und Basis meist flügelfrei.

        1. Same mit Harzbeulen, braun, Flügel sehr zart, häutig, gelbbraun.

        Chamaecyparis pisifera und *obtusa.*

2. Same mit Harzbeulen, braun, Flügel derb, knorpelig, dunkelbraun.

Chamaecyparis Lawsoniana.

3. Flügel hellbraun. *Thujopsis dolabrata.*

4. Same ohne Harzbeulen, Flügel derb, breit und vom Samen wenig scharf abgegrenzt, wie dieser strohgelb. *Wellingtonea gigantea.*

β. Same länglich, Flügel an beiden Längsseiten häutig weich, hellbraun, regelmässig.

Thuja gigantea, Thuja occidentalis u. japonica.

III. Same unregelmässig geflügelt, mehrseitig (nicht flach). Theils ziemlich grosse Flügel, theils nur schmale Flügelränder, Same länglich mit ovaler Ansatzstelle in der Mitte der Samenbasis.

Cupressus sempervirens.

IV. Same nur mit unscheinbaren Flügelrändern. Same verschieden gestaltet mit verschiedenen Längskanten und -Flächen. Ansatzstelle länglich, verschieden. *Cryptomeria japonica.*

B. Same flügellos*).

I. Same nussartig, klein, eiförmig, braun, mit heller Basis.

Biota orientalis.

II. Same ein hartschaliges Nüsschen mit weicher Umhüllung, gleichfarbig.

1. erbsengross, frisch roth, dann braun, Arillus violett-roth.

Taxus baccata.

2. Wie ein glatter, hellgelber Aprikosenkern. Integument gelb, pflaumenartig, ausgewachsen. Same 22—25 mm lang.

Ginkgo biloba.

III. Same schuppenartig, unregelmässig, 3 kantig, ca. 15 mm lang.

Taxodium distichum.

IV. Same ein hartes Nüsschen, zu mehreren in eine fleischige Beere eingeschlossen. (Wenigstens Beerenreste sind stets am Samen zu finden.)

1. Beeren roth, kirschengross. *Juniperus Oxycedrus.*

2. Beeren schwarz mit blauem Hauche, kleiner. Drei Schuppenränder an der Spitze sichtbar.

Juniperus communis.

---

*) Anm. Mit dem entflügelten, zweiflächigen Föhrensamen sind diese wohl nicht zu verwechseln.

3. Beeren wie gewöhnliche Wachholderbeeren gross, dunkelpurpur mit bläulichem Reife. 2 Schuppenränder sichtbar.

Juniperus virginiana.

4. Aehnlich, aber schwarz mit blauem Reife.

Juniperus Sabina.

1 und 2 zeigt an der Beerenspitze 3 Furchen, 3 und 4 nur 2 Furchen als Fruchtblattgrenzen.

Besondere Bestimmungstabelle für die Gattung Pinus, Kiefern, Föhren.

I. Abietineenflügel, das Korn zangenförmig umfassend und von demselben ablösbar. Grosse, mehrflächige, dickschalige Nüsschen. Same geniessbar, Flügel rudimentär, die Zange vorhanden und ablösbar. Same 20—22 mm lang, schwarz bereift.

Pinus Pinea.

† *P. Sabiniana* ebenso gross, unbereift.

Same 8—12 mm lang, 7—8 mm breit, unbereift. *Pinus Cembra.*

II. Same 2flächig, unter 12 mm, Schale dünner, Flügel vielmal grösser wie die Samen.

    A. Same grösser wie 5 mm.

        1. Obere Seite glänzend, untere matt.

            a. Beide Seiten braun.

                α. 10—12 mm lang *Pinus Jeffreyi.*

                β. 7—8 mm lang *Pinus excelsa* ⎱ Zange fest-

                γ. 5—7 mm lang *Pinus Strobus* ⎰ haftend.

            b. Glänzende Seite schwarz, 9—10 mm lang

Pinus Pinaster.

        2. Beide Seiten matt.

            a. 7—10 mm lang *Pinus ponderosa.*

            b. 6 mm lang　　　 „　*Laricio*

            c. 5½ mm lang　　 „　*Thunbergii* ⎱ kann auch zu

            d. 5 (4—6) mm lang „　*densiflora* ⎰ II. A. I. a. gerechnet werden.

    B. Same unter 5 mm.

        1. Same gelb bis braun, Oberseite glänzend, Unterseite matt.

            a. Körner verschiedenfarbig.　　*Pinus silvestris.*

            † *P. montana*, etwas kleiner, rundlicher und glänzender.

            b. Körner gleichfarbig, graubraun, 3—4 mm lang.

Pinus resinosa.

        2. Same dunkelschwarz.　　　　　*Pinus rigida.*

Tabelle zur Bestimmung der Kiefernsamen nach der **Grösse.**

{ 1. Pinus Sabiniana 20—22 mm lang, unbereift.
{ 2.   „   Pinea ebenso gross, aber schwarz bereift.

3.   „   Cembra 8—12 mm, wie 1 u. 2, Nüsschen ähnlich.

4.   „   Jeffreyi 10—12 mm. 2flächig.

{ 5.   „   Pinaster 9—10 mm. Eine Seite glänzend schwarz.
{ 6.   „   ponderosa 7—10 mm. Beide Seiten fast ganz matt.
{ 7.   „   excelsa 7—8 mm. Eine Seite glänzend braun.

{ 8.   „   Laricio 6 mm. Beide Seiten matt, helle und dunkle
             Körner.

{ 9.   „   Strobus 5—7 mm. Eine Seite braun glänzend, Körner
             gleich.

10.   „   Thunbergii 5½ mm.

11.   „   densiflora 5 mm.

{12.   „   silvestris 3—5 mm. Helle und dunkle Körner, einer-
             seits glänzend.

13.   „   rigida 3—5 mm. Körner gleich, schwarz oder roth
             gesprenkelt, matt.

14.   „   montana 3—4 mm. Helle und dunkle Körner, einer-
             seits glänzend.

15.   „   resinosa 3—4 mm. Körner gleich, graubraun, einer-
             seits glänzend.

Beschreibung der Nadelholzsamen.

A. I. 1. a.*). Pinus.

I. Same: grosse, mehrflächige, dickschalige Nüsschen, geniessbar, Flügel rudimentär, die Zange vorhanden und ablösbar.

Pinus Pinea. Pinie.

Same 20—22 mm lang, 7—9 mm breit, zimmtbraun, später mit schwarzviolettem Hauche überzogen, welcher mit dem Finger leicht abgerieben wird, matt, sehr hartschalig, oben und unten ziemlich gleichbreit, tonnenförmig, vielflächig.

Flügel ein schmaler Saum, das Korn als Zange umgebend, oben ein 5 mm breiter Rand, abstehend, gelbbraun, schwach glänzend. Gesammtlänge des Flügels 25 mm.

---

*) Anm. Die Zahlen beziehen sich auf die Zeichen der Tabelle.

Bestäubungszeit: April—Mai, Samenreife: Herbst des 3. Jahres, Samenabfall: Frühjahr des 4. Jahres, Samenruhe im Frühjahr: 4 Wochen, Keimdauer: 2 Jahre.

Obwohl die Pinie ein werthvolles Bauholz liefert und ihre Rinde ein vortreffliches Gerbmaterial, rentieren doch die Pinienwälder am meisten durch ihre Nüsse, weil diese in ganz Spanien ein sehr beliebtes und theuer bezahltes Genussmittel bilden und dort wie in Italien massenhaft auf den Markt gebracht werden. (Nach Willkomm liefert der staatliche Pinienwald von Ravenna im Durchschnitt jährlich 6000 Scheffel Piniensamen.)

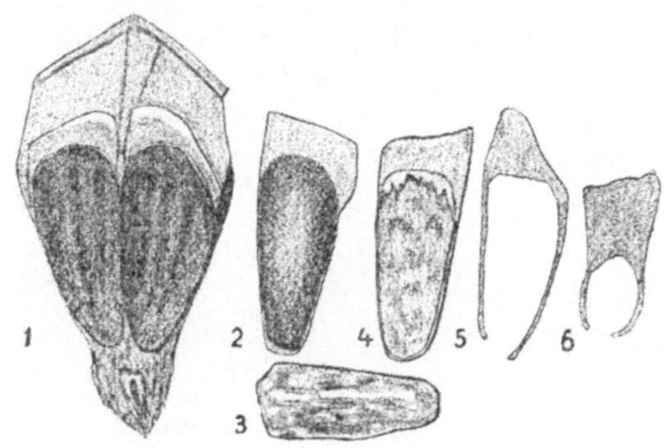

Fig. 1. **Pinus Pinea.** $^9/_{10}$ nat. Gr.

1. Schuppe ohne Samen.
2. Same mit Flügel von unten.
3. Entflügeltes Samenkorn.
4. Same mit Flügel von oben. Der auf der Oberfläche verschwundene Flügel ist noch theilweise mit zerrissenem Rande sichtbar.
5. und 6. Verschiedene Flügel ohne Korn.

Die Pinie ist in den Mittelmeerländern verbreitet und geht in Tirol nördlich bis Bozen, wo sich mehrere grosse und alte Bäume befinden.

Pinus Sabiniana.

Same ebensogross wie Pinus Pinea, oben breiter wie unten, ohne Ueberzug, schwärzlich, noch oft rehbraun, schwach glänzend.

Flügel sehr steif und derb, dunkelbraun. Auf den Seiten eine schmale Zange, oben eine breite Schippe von 8—10 mm Länge. Gesammtflügellänge bis 30 mm.

Diese Holzart stammt aus dem westlichen Nordamerika und ist in Deutschland nicht frosthart, gedeiht nur in den Gärten milder

Rheinlagen. Die Samen werden in ihrer Heimath von den Eingeborenen allgemein gegessen.

Pinus Cembra. Zirbelkiefer, Arve.

Same 8—12 mm lang, 7—8 mm breit, unbereift, matt, jung rehbraun, später bis schwarzbraun werdend, hartschalig, tonnenförmig mit mehreren ebenen Flächen, oben etwas breiter.

Flügel nur als zartes aber breites Leistchen am Samen hervortretend, ablösbar, braun.

Samenjahre: alle 4—5 (6—8) Jahre, Bestäubungszeit: Anfang Juni, Samenreife: Oktober des 2. Jahres, Samenabfall: in Zapfen während des folgenden Winters und Frühjahrs, Samenruhe: frischer Same keimt in wenigen Wochen im Herbste,

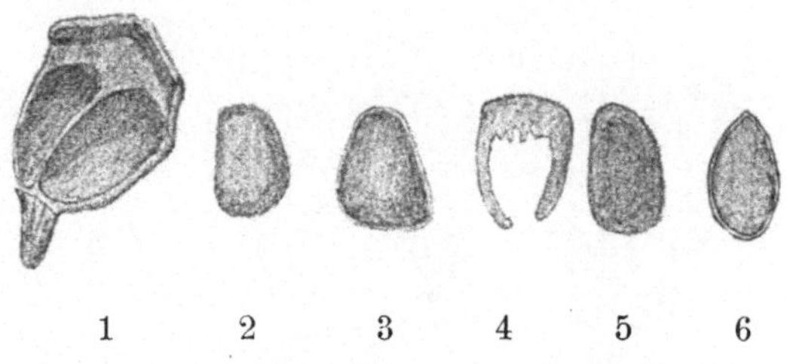

Fig. 2. Pinus Cembra. $^9/_{10}$ nat. Gr.

1. Schuppe (Frucht und Zapfenschuppe nicht getrennt) von Innen, nach Entfernung der beiden Samen.
2. Künstlich entflügelter Same.
3. Same mit Flügelrand.
4. Flügel vom Samen abgelöst.
5. Same mit breitem Flügelrand bedeckt, von oben.
6. Entflügelter Same im Durchschnitt. An ihm ist zu unterscheiden: 1. Die Samenschale, 2. die Samenhaut, 3. das Endosperm, in welchem der Embryo liegt.

älterer Same liegt über bei Frühjahrssaat bis zum Frühjahr des 2. Jahres, Keimdauer unbekannt (nach Hess 8—10, nach Willkomm 2—3 Jahre), ebenso Eintritt der Mannbarkeit (60 Jahre).

Die Samen werden in Tirol als „Zirbelnüsse", in Russland als „Cedernnüsse" auf den Märkten verkauft und gegessen, in Süddeutschland, wo man sie ebenfalls auf den Obstmärkten findet, besonders zu Vogelfutter (für Papageien) verwendet. Auch in der Natur sind sie eine Hauptnahrung besonders des Tannenhehers und werden von Eichhörnchen und am Boden von Mäusen massenhaft vertilgt, wie die am Boden liegenden Zapfen dem Diebstahl der Menschen auch sehr zugänglich sind.

II. Same 2flächig, unter 12 mm lang, Schale dünner. Flügel vielmal grösser wie die Samen.

    A. Same mittelgross, d. h. länger wie 5 mm.

        1. Eine Seite matt, die andere glänzend.

           a. beide Seiten braun.

α. **Pinus Jeffreyi.**

Der Same bis 13 mm lang und 9 mm breit, ziemlich regelmässig oval, die Oberseite ganz hell oder ganz dunkel, meist ganz

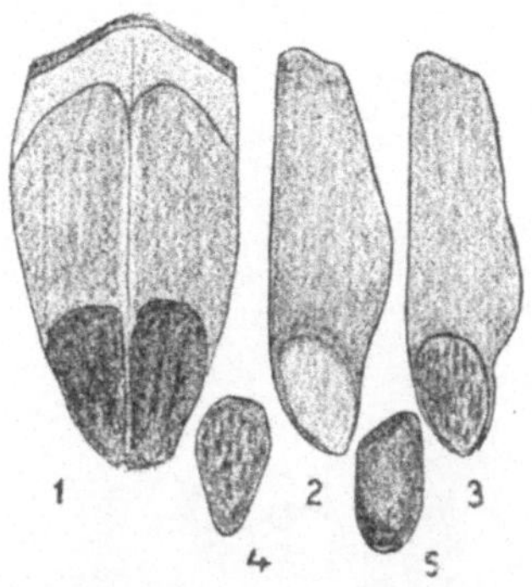

Fig. 3. Pinus Jeffreyi. $^9/_{10}$ nat. Gr.

1. Schuppe ohne Samen.
2. Geflügelter Same von oben, hell, glänzend.
3. Geflügelter Same von unten, gesprenkelt.
4. Same von unten.
5. Same von oben, dunkel, glänzend.

einfarbig und glänzend, die Unterseite dunkelbraun, matt und marmoriert. Flügel 30—35 mm lang, hell.

Diese 3nadelige Kiefer aus Kalifornien ist ziemlich hart und in den Waldungen versuchsweise angebaut. Sie ist leicht an den blaubereiften jungen Trieben zu erkennen.

β. **Pinus excelsa.** Hohe Kiefer, Thränenkiefer, Nepal-Weymouthskiefer.

Same 7—8 mm lang, beide Seiten braun, glänzende Seite wenig marmoriert oder einfarbig braun, matte Unterseite mit dunkelbrauner Marmorierung.

Der Flügel ist 30—40 mm lang, braun, manchmal schwach gestreift, glänzend, grösste Breite unter seiner Mitte, die Zange bedeutend verdickt und auf Ober- und Unterseite des Samens übergreifend; hiedurch reisst der Flügel ohne Zange ab, welch letztere auch bei Samen im Handel noch festhaftet, aber leicht abgerissen werden kann.

Diese 5nadelige Kiefer aus dem südwestlichen Himalaya gedeiht in milden Lagen in Deutschland. In Bozen bildet sie riesige Stämme mit ausserordentlichem Höhen- und Dickenzuwachs, welcher Pinus Strobus weit übertrifft.

Pinus Peuce. Die Rumelische Kiefer wird von Manchen trotz grosser Verschiedenheiten nur als eine klimatische Form von Pinus excelsa betrachtet.

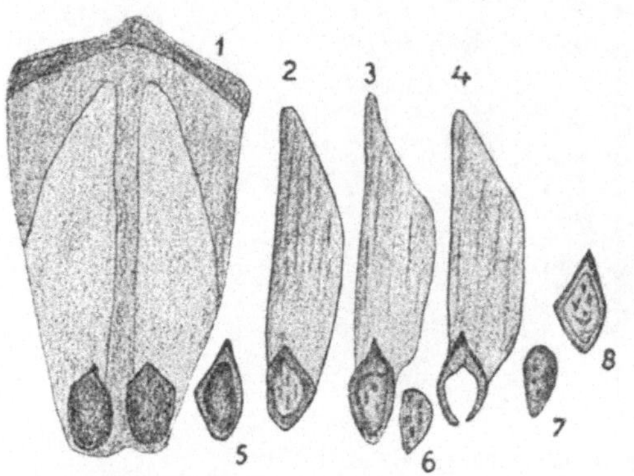

Fig. 4. Pinus excelsa. $^9/_{10}$ nat. Gr.

1. Schuppe ohne Samen.
2. Geflügelter Same von unten, matt marmorirt.
3. Geflügelter Same von oben, glänzend, schwach marmorirt (oder einfarbig).
4. Flügel mit verdickter Zange von oben.
5. Same mit Zange von oben, glänzend.
6. Same von unten ohne Zange.
7. Same von oben ohne Zange.
8. Same mit Zange von unten.

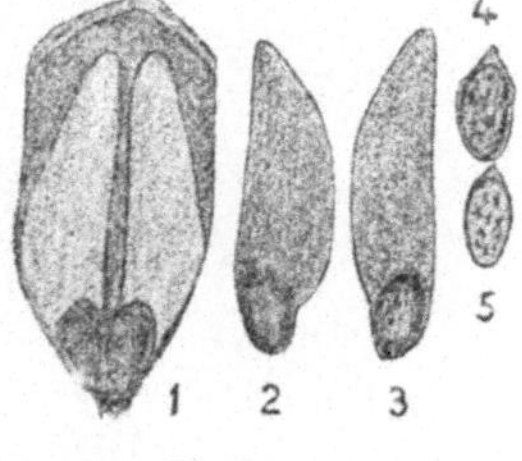

Fig. 5.
Pinus Strobus.
$^9/_{10}$ nat. Gr.

1. Schuppe ohne Samen.
2. Geflügelter Same von oben, glänzend, ziemlich einfarbig.
3. Geflügelter Same von unten, matt, marmorirt (bis einfarbig).
4. Same mit Zange von oben.
5. Same von unten.

γ. **Pinus Strobus.** Weymouthskiefer.

Same 5—7 mm lang. Beide Seiten dunkelbraun, die glänzende Oberseite meist dunkler. Beiderseits marmoriert.

Flügel 25 mm lang. Lässt, wie bei der vorigen, die besonders durch die Grösse zu unterscheiden ist, die verdickte Zange am Samen haften.

Bestäubungszeit: im Mai, Samenreife: im September des 2. Jahres und sofortiger Samenabfall, was wegen des Sammelns zu beachten ist. Samenruhe: 3—4 Wochen. Keimdauer: 2—3 Jahre. Samenjahre: alle 3—4 Jahre.

Die Weymouthskiefer aus dem östlichen Nordamerika ist in deutschen Waldungen bereits eingebürgert.

II. A. 1. b.

Pinus Pinaster. Seestrandskiefer, Sternföhre, Igelföhre.

Die glänzende Seite des Samens ist schwarz und zeigt höchstens einen schmalen grauen und schwarz punktierten Rand. Die Unterseite ist mattgrau mit schwarzen Punkten. Der Same ist 9—10 mm lang, oval, oben mit einer abgestutzten Seite.

Der Flügel ist bis 40 mm lang, braun, mit violetten Längsstreifen, besitzt die grösste Breite oft auch über der Mitte.

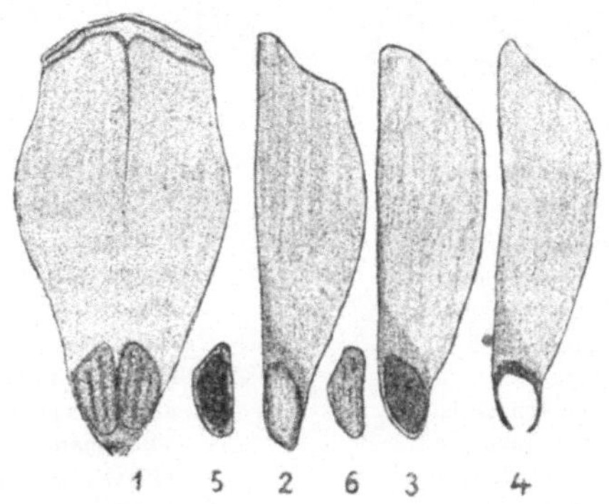

Fig. 6. Pinus Pinaster. $^9/_{10}$ nat. Gr.

1. Schuppe ohne Samen.
2. Geflügelter Same von unten.
3. Geflügelter Same von oben (innerer Flügelrand auf der Samenoberfläche zu scharf contourirt).
4. Flügel ohne Same.
5. Same von oben ohne Flügel, glänzend schwarz mit grauem Rande, der oft schwarze Punkte trägt.
6. Same von unten, matt, braun mit abwischbarem grauem Hauche überzogen, oft schwarz getupft.

Bestäubungszeit: April—Mai, Samenreife: im Oktober des 2. Jahres, Samenabfall: Ende Winter und Frühjahr des 3. Jahres, Samenruhe: im Frühjahr gesäter Samen 2—4 Wochen.

Diese 2 nadelige Kiefer der südeuropäischen Länder ist in Deutschland nicht frosthart.

II. A. 2. Beide Samenseiten matt.

a. **Pinus ponderosa.** Schwerholzige Kiefer.

Same auf beiden Seiten fast gleichfarbig, braun, deutlich schwarz marmoriert, 8—9 mm lang, also viel kleiner wie jener der nahe verwandten Pinus Jeffreyi und grösser wie der von Pinus Laricio.

Diese 3 nadelige Föhre aus dem westlichen Nordamerika ist mit Pinus Jeffreyi zum Anbau in deutschen Waldungen ausersehen und in Deutschland ziemlich hart.

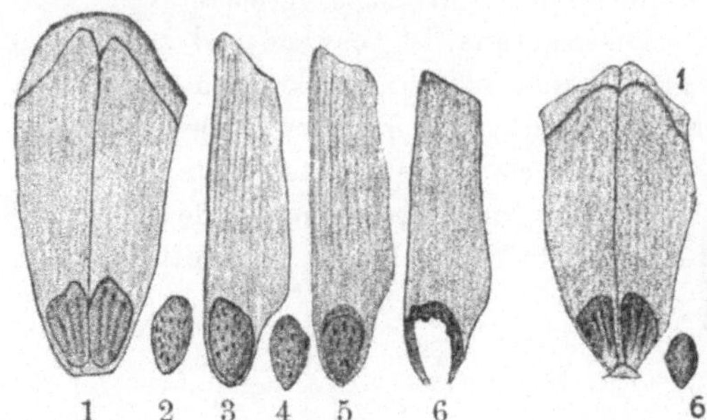

Fig. 7. **Pinus ponderosa.**
$^9/_{10}$ nat. Gr.

1. Schuppe ohne Samen.
2. Same entflügelt von unten.
3. Flügel mit Same von unten, Flügelrand deutlich.
4. Same von oben.
5. Flügel mit Same von oben.
6. Flügel allein von unten, den Einblick in den beschatteten Flügelrand (Zange) gestattend, welcher die Samenoberseite theilweise bedeckt (vgl. Fig. 5).

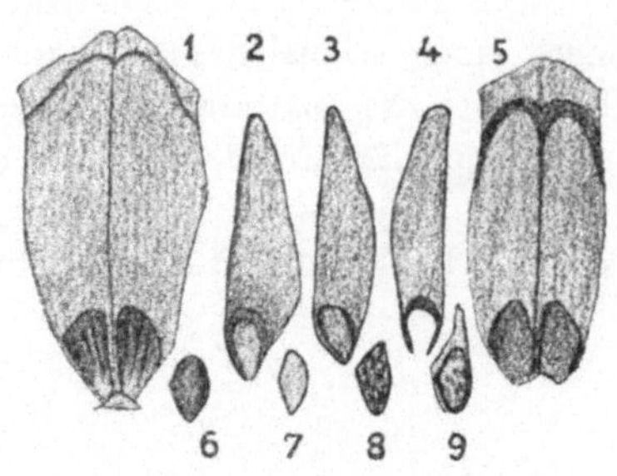

Fig. 8. **Pinus Laricio.**
$^9/_{10}$ nat. Gr.

1. u. 5. Schuppen ohne Samen.
2. Flügel mit Korn von oben, Flügelrand auf der Kornoberfläche verschwommen.
3. Flügel mit Korn von unten, Flügelrand auf der Kornunterseite scharf.
4. Flügel ohne Korn.
6. Dunkles, 7. helles, 8. gesprenkeltes, 9. mit dem Flügelrest versehenes Korn.

b. **Pinus Laricio.** Schwarzkiefer.

Same c. 6 mm lang, beiderseits matt und einfarbig, höchstens schwach verwaschen punktiert. Die Samen bestehen theils aus hellen, theils aus dunkeln Körnern, doch überwiegen die gelblichen, hellen.

Der Flügel ist braun, 20—24 mm lang, 5—6 mm breit, grösste Breite etwas unter der Mitte.

Bestäubungszeit: Ende Mai, Anfang Juni, Samenreife: Oktober des 2. Jahres, Samenabfall: Frühjahr des 3. Jahres, Samenruhe: bei Frühlingssaat 3—4 Wochen, Keimdauer: 2—3 Jahre, Samenjahre: 2—3 Jahre.

Diese 2 nadelige Kiefer ist in ihren verschiedenen Formen in Süd- und Osteuropa und Westasien heimisch.

Zum Anbau in Deutschland wird die in Italien weit verbreitete Form: Poiretiana (corsicana) empfohlen. Bisher ist vielfach Pinus Laricio austriaca angebaut.

c. **Pinus Thunbergii.** Thunbergs Kiefer, japanische Schwarzföhre.

Samen nach Luerssen $3^3/_4$—$7^1/_4$ mm (im Mittel $5^1/_2$ mm) lang, $2^1/_4$—4 (im Mittel 3,2) mm breit und $1^3/_4$—$2^1/_2$ (im Mittel 2) mm dick, eiförmig-rhombisch, beiderseits meist stark convex, am Grunde spitzlich, am Scheitel stumpf bis abgerundet, braun, ungefähr dreimal kürzer als ihr messerförmiger, hellbrauner, etwas dunkler und zart längsgestreifter, glänzender Flügel.

Ein japanischer Waldbaum, der in den Anbauplan aufgenommen ist.

d. **Pinus densiflora.** Dichtblüthige Kiefer, japanische Rothföhre.

Same nach Luerssen durchschnittlich kleiner und schlanker, als bei Pinus Thunbergii, $3^1/_2$—7 (im Mittel ca. 5) mm lang, 2—$3^3/_4$ (im Mittel 2,8) mm breit und $1^1/_2$—$2^3/_4$ (im Mittel 2) mm dick, am Scheitel schräg gestutzt und daher ellipsoidisch-rhombisch, am Grunde meist etwas spitzlich, graubraun (dunkler als bei Pinus Thunbergii), in der Regel etwas gescheckt und bisweilen auch sehr schwach einseitig gerippt; ihr fast dreimal so langer messerförmiger Flügel blassbraun und dunkler gestreift. — Es giebt, wie bei Pinus silvestris, helle und dunkle Körner und solche, die auf der Oberseite dunkel glänzend erscheinen.

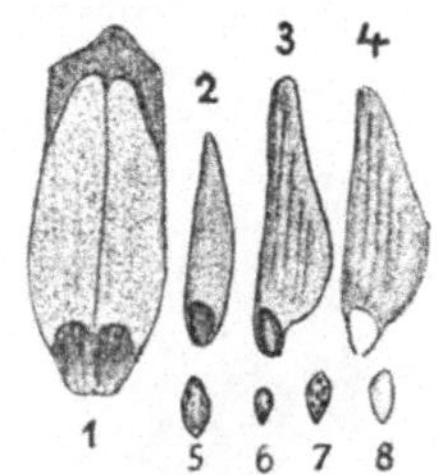

Fig. 9.
Pinus silvestris.
$^9/_{10}$ nat. Gr.

1. Schuppe ohne Samen.
2. Geflügelter Same aus der Zapfenspitze.
3. Geflügelter Same.
4. Flügel.
5., 6., 7. und 8. Dunkles, kleines, gesprenkeltes und helles Korn.

Eine in den Anbauplan aufgenommene japanische Kiefer.

II. B. Same klein, d. h. kürzer wie 5 mm.
1. Same gelb bis dunkelbraun, Oberseite glänzend, Unterseite matt.
a. Ein Theil der Körner hell, der andere dunkel.

Pinus silvestris. Gemeine Kiefer, Föhre.

Same 3—5 mm lang, manchmal schwach fleckig. Scharfe, nicht gedrehte Spitze.

Flügel 15—20 mm lang, braun, oft mit dunkelen Längsstreifen, grösste Breite in der Mitte.

Bestäubungszeit: Mai, Juni, Befruchtung: Mai, Juni des nächsten Jahres nach der Bestäubung. Die Samenreife: Oktober dieses 2. Jahres, Samenabfall: erfolgt im Frühjahr (März—April des 3. Jahres aus den noch bis Juni hängenden Zapfen, von welchen ein Theil noch Jahre lang hängen bleibt), Samenruhe: nach der Frühjahrssaat 3—6 Wochen, Keimdauer: etwa 3 Jahre, Samen jahre: erfolgen alle 3—5 Jahre.

Pinus montana. Krummholzkiefer, Bergföhre, Latsche.

Same rundlicher, kleiner und glänzender, sonst wie der von Pinus silvestris.

Bestäubungszeit: Juni—Juli, Samenreife: Oktober des 2. Jahres, Samenabfall: gegen Frühjahr des 3. Jahres, Samenruhe: 3—4 Wochen, Keimdauer: 2—3 Jahre, Samenjahre: alle 2—3 Jahre. Blüht übrigens fast jährlich.

b. Körner gleichfarbig.

Pinus resinosa. Harzige oder rothe Kiefer.

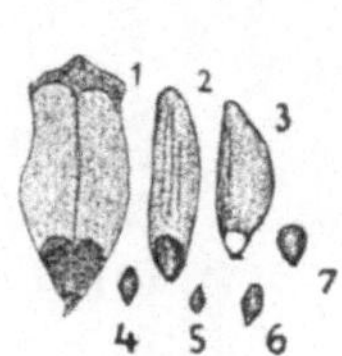

Fig. 10.
Pinus montana.
⁹/₁₀ nat. Gr.

1. Schuppe ohne Samen.
2. Geflügelter Same.
3. Flügel.
4., 5., 6. und 7. Samenkörner.

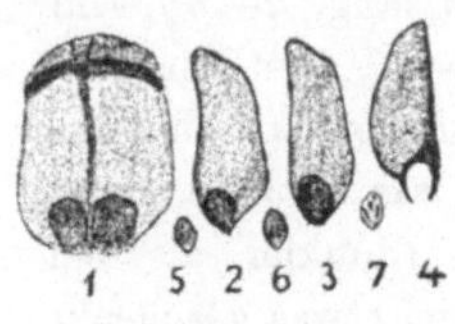

Fig. 11.
Pinus resinosa.
⁹/₁₀ nat. Gr.

1. Schuppe ohne Samen.
2. Geflügelter Same von oben.
3. Geflügelter Same von unten.
4. Flügel.
5., 6. und 7. Samenkörner.

Fig. 12. Pinus rigida.
⁹/₁₀ nat. Gr.

1. Schuppe ohne Samen.
2. Geflügelter Same von unten.
3. Geflügelter Same von oben.
4. Flügel.
5. und 6. Schwarze Körner.
7. Roth gesprenkeltes Korn.

Same 3—4 mm lang, graubraun, oft mit dunkleren Punkten, besonders auf der matten Seite.

Flügel dicht über dem Korne sehr breit sich ausbauchend, 20 mm lang.

Eine 2nadelige Kiefer aus Nordamerika, welche bei uns hart ist und zum probeweisen forstlichen Anbau empfohlen ist.

II. B. 2.

Pinus rigida. Steifnadelige Kiefer.

Same dunkelschwarz mit einzelnen körnigen Erhebungen, matt oder ganz schwach glänzend, in frischem Zustande grau und roth punktiert, scharf 3eckig, lange Seite bis 5 mm.

Flügel 18—20 mm lang, braun, oft gestreift, über dem Samenkorn ausgebaucht, am oberen Ende ziemlich schräg abgestutzt.

Dieser nordamerikanische 3 Nadler ist in Deutschland im Grossen angebaut in der Hoffnung, von ihm Pitch Pine-Holz zu erhalten. Nachdem sich aber herausgestellt hat, dass dasselbe nicht von ihm zu erwarten ist, dürfte sein Anbau zu beschränken sein. Gute Erfolge sind mit ihm bei schneller Aufforstung bearbeiteter Ortsteinböden erzielt. Er ist schnellwüchsig, hart, aber nicht immer geradschaftig und fructificirt bei uns schon vom 5. Jahre an. Er ist befähigt, Stockausschlag zu entwickeln.

A. I. 1. b. Picea. Fichten.

Nadelholzsamen mit ablösbarem Abietineenflügel, welcher den Samen auf der Oberseite in einer löffelartigen Vertiefung einschliesst und bedeckt.

Die Samen der einzelnen Fichtenarten sind nicht leicht zu unterscheiden, doch können wir einige der Grösse nach trennen, welche wieder der Grösse der Samenschuppen und somit der Fichtenzapfen entspricht.

Grosse Zapfen und Samen besitzen: Picea Morinda und excelsa.

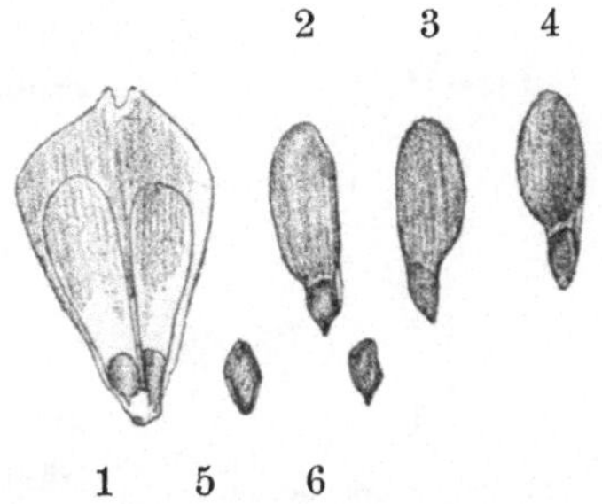

Fig. 13. Picea excelsa. $^9/_{10}$ nat. Gr.

1. Schuppe ohne Samen, deutliche Sameneindrücke.
2. Geflügelter Same von unten, 3. von oben, Flügel den Samen ganz bedeckend.
4. Entkörnter Flügel von unten.
5. und 6. Entflügelte Samen.

Mittlere: Picea obovata, polita, Alcockiana.

Ziemlich kleine: sitchensis, jezoënsis, orientalis, Omorika.

Ganz kleine: nigra, alba, rubra, Engelmanni, ajanensis, microsperma.

Im Anbauplane sind nur Picea Alcockiana, polita und sitchensis aufgenommen.

Picea excelsa. Fichte, Rothtanne.

Die Samenkörner sind alle kaffeebraun und vollständig matt. Die Samenspitze ist weit ausgezogen und gedreht. Der Same hat Thränenform. Er ist 4—5 mm lang, seine grösste Breite 2—2½ mm.

Der Flügel ist hellrehbraun, bedeckt den Samen von oben und an den Längsseiten, besonders auf der inneren. Er ist oben abgerundet, während er bei den Föhren seine grösste Höhe nicht in der Mitte, sondern am Ende der verdickten Innenseite hat.

Er ist 15 mm lang, die grösste Breite im oberen Drittel 6—7 mm.

Bestäubungszeit: Mai—Juni, Befruchtung: in Mitteldeutschland Anfang Juni, Samenreife: Oktober, Samenabfall: aus den Zapfen, welche noch 1 Jahr hängen bleiben, im Frühjahr des 2. Jahres, Samenruhe: 3—5 Wochen, Keimdauer: 3—7 Jahre, Samenjahre: alle 5—6 Jahre.

Picea excelsa var. septentrionalis

aus Skandinavien, eine langsam wachsende Form, welche in Deutschland um die Baumgrenze der Gebirge probeweise angebaut ist, besitzt kleinere, aber sehr keimfähige Samen, weshalb dieselben dünner gesäet werden können.

Picea obovata. Altai-Fichte.

Eine klimatische Varietät von Picea excelsa, welche in Sibirien verbreitet ist, kleinere rundliche Zapfen und Samen trägt, findet sich in Parks angebaut, besitzt forstlich keine Vorzüge vor der gemeinen Fichte und wird daher auch nicht angebaut.

Picea polita. Tigerschwanzfichte.

Die Samen sind 6—7 mm lang, 3—4 mm breit und 2½ mm dick, verkehrt eiförmig, in eine etwas gedrehte Spitze ausgezogen und hier meist deutlich zweikantig. Oben und unten matt, dunkel braun, oben oft mit schwachen braunen Längsstrichelchen.

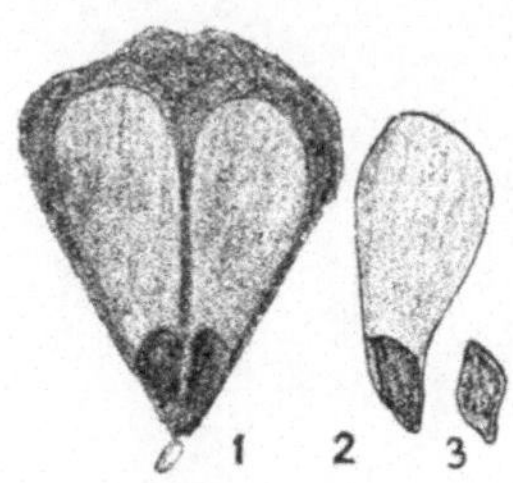

Fig. 14. Picea polita.
⁹/₁₀ nat. Gr.

1. Schuppe ohne Samen.
2. Geflügelter Same von unten; der Flügel greift rechts leistenförmig auf die Seite herab, den Samen von oben ganz bedeckend.
3. Entflügelter Same.

Der Flügel ist glänzend braun, verkehrt eiförmig, 20—22 mm lang, sein abgerundetes Ende ist undeutlich und unregelmässig gezähnelt. Er löst sich leicht und vollständig vom Samenkorn ab.

Eine im Anbauplan aufgenommene Holzart Japans, welche wegen der derben Benadelung als „Wildsicher" gerühmt wird.

Picea Alcockiana. Alcocks Fichte.

Die nach Luerssen 4—6 (im Mittel 4,8) mm langen, 2—3½ (im Mittel 2,3) mm breiten und 1½—2¼ (im Mittel 1,7) mm dicken, matt dunkel-graubraunen bis schwärzlich-braunen Samen sind verkehrt-eiförmig-länglich, am Grunde ziemlich spitz und

etwas scharfkantig, gegen die schräg gestutzte oder stumpfe obere
Hälfte schwach gedreht; ihr etwa drei- bis viermal längerer, ver-
kehrt-eiförmig-länglicher und gegen das Ende unregelmässig ge-

Fig. 15.
Picea sitchensis.
$^9/_{10}$ nat. Gr.

1. Schuppe ohne Samen.
2. Geflügelter Same von
   unten.
3. Entflügelter Same.
4. Flügel von oben, das
   Korn ganz bedeckend.

Fig. 16.
Picea alba.
$^9/_{10}$ nat. Gr.

1. Schuppe ohne Samen.
2. und 4.   Entflügelte
   Samen.
3. Geflügelter Same von
   unten.
5. Geflügelter Same von
   oben.
6. Entkörnter Flügel von
   unten.

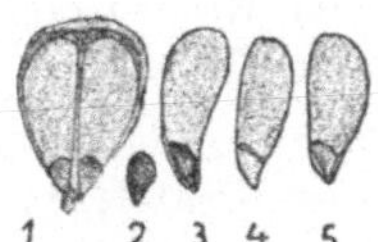

Fig. 17.
Picea orientalis.
$^9/_{10}$ nat. Gr.

1. Schuppe ohne Samen.
2. Same entflügelt,
   schwarzbraun.
3. Geflügelter Same von
   unten.
4. Geflügelter Same von
   oben.
5. Entkörnter Flügel von
   unten.

zähnter Flügel ist glänzend zimmtbraun. (Die Samen sind jenen
der Picea polita ähnlich, aber kleiner.)

Eine japanische Holzart, die in den Anbauplan aufgenommen ist.

Zum forstlichen Anbau sind
ferner 2 Fichten gekommen:

Picea sitchensis (Menziesii).
Ihre Samen sind 2—2$^1/_2$ mm lang.

Picea alba. Schimmelfichte.

Wegen ihres geringen Höhen-
wuchses nur für Parks, Wald-
mäntel und Dünenschutz geeignet.
Same 2—2$^1/_2$ mm lang.

Picea orientalis.

Mit zierlichem Habitus, nur in
Parks zu finden, Same 4 mm lang.

Picea Omorika aus Serbien.
Noch wenig cultiviert.

Picea Morinda (Khutrow, Smithiana).

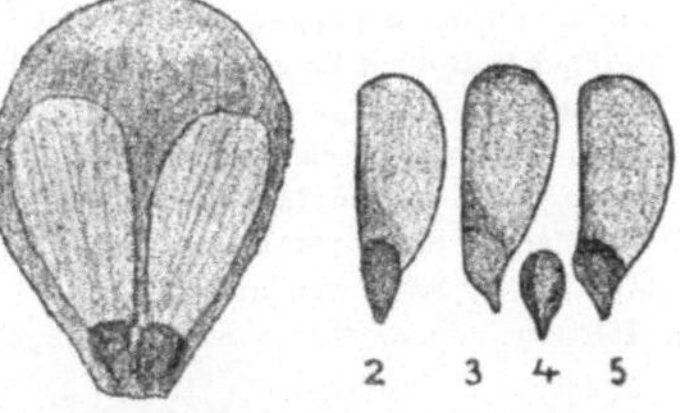

Fig. 18.   Picea Morinda. $^9/_{10}$ nat. Gr.
1. Schuppe ohne Samen.
2. Geflügelter Same von unten.
3. Geflügelter Same von oben, vom Flügel
   ganz bedeckt.
4. Entflügelter Same.
5. Entkörnter Flügel von unten.

Gedeiht in Bozen zu prachtvollen Parkbäumen, sie besitzt die
grössten Zapfen und Samen.

Die Verschiedenheiten der einzelnen Arten ergeben sich am
besten aus den Abbildungen.

A. I. 2. a. α. **Abies.** Tannen.

Der grosse Flügel ist mit dem Samen verwachsen und lässt sich im Reifezustand nicht ablösen, er reisst an dem Samenrande beim künstlichen Entflügeln ab. Der Flügel bedeckt die Samen-Oberseite vollständig und die Samenunterseite bis auf deren oberstes Drittel, da nur dieses auf der Schuppe aufliegt, der übrige Same frei ist. Der Same ist weich, die Samenschale reich an Gängen mit balsamisch riechenden Ölen (welche bei Pinus, Picea, Larix nicht vorhanden sind). — Von den Weisstannen finden wir zwar viele in unseren Parks, wie Abies Fraseri, balsamea, nobilis, magnifica, grandis, concolor, amabilis, Pinsapo, doch sind zum forstlichen Anbau bis jetzt nur wenige eingeführt, da im allgemeinen die einheimische Tanne, Abies pectinata, die an sie gestellten Ansprüche befriedigt. Im Arbeitsplane für Anbauversuche ist Abies firma und A. Nordmanniana aufgenommen.

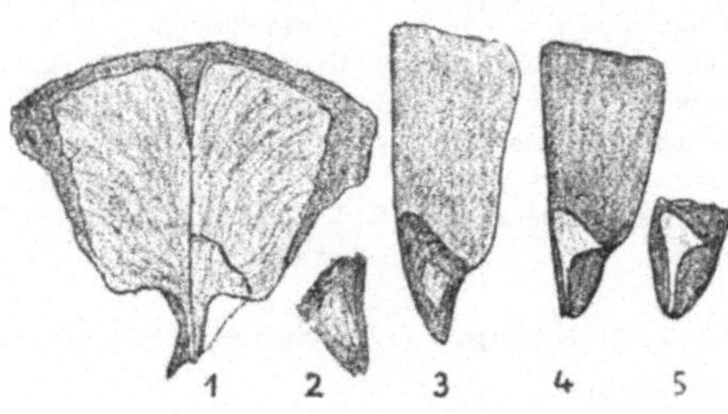

Fig. 19. **Abies Nordmanniana.** $^9/_{10}$ nat. Gr.

1. Schuppe ohne Samen; Stellung des unterseits nicht ganz von der Schuppe, an dieser Stelle aber vom Flügel bedeckten Samens ist durch eine punktirte Linie angedeutet.
2. Same mit dem verwachsenen Flügeltheile von oben, zur Saat „entflügelt".
3. Geflügelter Same von oben.
4. Geflügelter Same von unten.
5. Derselbe von unten zur Saat „entflügelt".

Abies pectinata.

Weisstanne, Edeltanne.

Der Same ist fast dreikantig, einfarbig braun, soweit der Flügel ihn bedeckt glänzend, der unbedeckte Theil matt.

Der Same ist an seiner längsten Seite 10—11 mm lang. Er lässt sich leicht mit den Fingern zerdrücken, wobei das Harz sich aus der Samenhülle ergiesst. Der Same verträgt aber diesen Druck nicht und ist daher besser in festen Gefässen wie in Säcken zu versenden.

Der Flügel ist 20—22 mm lang, auf der inneren Seite gerade, auf der äusseren nach oben gewölbt, auf der dritten, der oberen Seite ziemlich gerade abgestutzt; die grösste Breite liegt daher im obersten Viertel und beträgt 5—7 mm. Er ist, wie auch bei Cedrus, nur schwer vollständig vom Samen abzulösen.

Bestäubungszeit: Mai, Samenreife: Sept.—Oct., Samenabfall: sogleich, mit den Zapfenschuppen, Samenruhe: 3—5 Wochen,
Keimdauer: ½ Jahr, Samenjahre: alle 2—3 (6—8) Jahre.

Abies Nordmanniana. Nordmanns Tanne.

Die Samen dieser kaukasischen Tanne sind von denen der gemeinen Tanne kaum zu unterscheiden.

Sie wird angebaut wegen ihres üppigen Wuchses (4. Quirl-
knospe) und ihrer Eigenthümlichkeit, 14 Tage später wie A. pectinata ihre Knospen zu entfalten, wodurch sie vor Spätfrösten ge-
schützter scheint.

Ebenso schwer ist es, den Samen zu erkennen von Abies
cephalonica, welche sich auch im
Walde angebaut findet und aus Griechenland stammt.

Abies sibirica (Pichta), die russische
oder Pechtanne.

Die Samen sind sehr klein, ihre
längste Seite nur 7 mm.

Abies firma (= Momi). Japanische
Weisstanne (nach Luerssen).

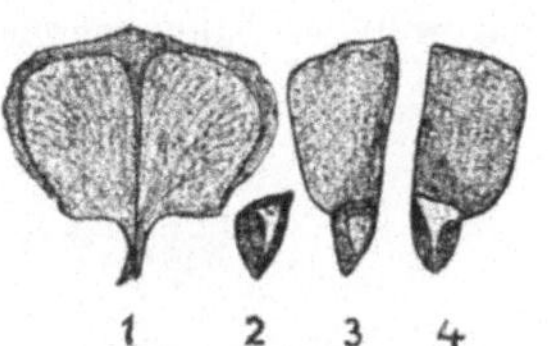

Fig. 20. **Abies sibirica.**
⁹/₁₀ nat. Gr.

1. Schuppe ohne Samen, ohne
   Eindruck des Samens.
2. Same von unten, mit dem
   auch die Unterseite grösstentheils bedeckenden Flügel verwachsen.
3. Geflügelter Same von oben,
   vom Flügel ganz bedeckt.
4. Geflügelter Same von unten.

Die ohne den Flügelmantel gemessen
7—10½ (im Mittel 8,4) mm langen,
3½—6¼ (im Mittel 4,7) mm breiten und
2—4 (durchschnittlich 2,8) mm dicken
Samen sind verkehrt-ei-keilförmig, am
Scheitel schief gestutzt, hellrothbraun
und durch unregelmässige und oft zu-
sammenfliessende, grosse, dunkelkastanien- bis purpurbraune Harzdrüsen gescheckt und oft nur auf der vom Flügel nicht gedeckten
Fläche von denselben frei. Flügel auf der Rückenfläche den Samen
ganz, auf der Bauchfläche zum grössten Theile umschliessend, glänzend gelbbraun, aber mehr oder weniger stark grünlich oder bläulich überlaufen und daher eigenthümlich irisirend, bei längerer
Aufbewahrung im Lichte diese Färbung in ein einfaches und
dunkleres Braun umändernd; der freie Flügeltheil ist etwa so
lang und doppelt bis fast 3fach so breit als der Same und am Ende
schief abgestutzt.

Eine in den Anbauplan aufgenommene japanische Tanne.

A. I. 2. *β.* **Tsuga.** Hemlocks-Tannen.

Der grosse Flügel ist mit dem Samen verwachsen, bedeckt die obere Samenseite und den untersten Samenrand und einen Theil der Seite des Samens ähnlich wie bei Abies. Die vom Flügel überwachsene Seite ist braunglänzend, die untere, unbedeckte matt, einfarbig braun. Der Same selbst ist weich (ähnlich Tannen- und Cedernsamen). Samenhülle harzreich. Same sehr klein.

Tsuga canadensis. Kanadische Hemlockstanne.

Same 1¹/₂ mm lang, 3 eckig, längste Seite an der Innenkante des Flügels, Flügel 7 mm, sehr zart, hellbraun, oben abgerundet, am Samenende nach aussen stark ausgebaucht. Der Same wird ähnlich wie der Tannensamen, aber nicht so weit wie dieser, auch seit-

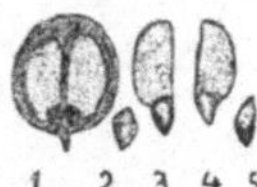

Fig. 21. **Tsuga canadensis.** ⁹/₁₀ nat. Gr.

1. Schuppe ohne Samen mit kleinen Eindrücken.
2. Same mit dem Flügel verwachsen, von oben, entflügelt.
3. Geflügelter Same von unten, vom Flügel hier theilweise bedeckt.
4. Geflügelter Same von oben, vom Flügel ganz bedeckt.
5. Same „entflügelt", von dem mit ihm verwachsenen Flügeltheile auch unten theilweise bedeckt.

Fig. 22. **Tsuga Sieboldii.** ⁹/₁₀ nat. Gr.

1. Schuppe ohne Samen.
2. Geflügelter Same von unten. Der mit dem Korn verwachsene Flügel ist links herabreichend; das Korn ist gesprenkelt.

lich etwas vom Flügel bedeckt. Der Same steht auch seiner Weichheit und harzigen Beschaffenheit der Samenschale wegen der Tanne näher wie der Lärche und Douglastanne.

Die Hemlockstanne blüht im Frühjahr und reift im Herbste. Die Samen fallen im Frühjahr und Sommer ab.

Diese Holzart aus dem kälteren Nordamerika ist absolut hart und findet sich in vielen Parks. Im Walde ist sie dagegen nicht angebaut.

Tsuga Sieboldii. Japanische Schierlingstanne (nach Luerssen).

Die 4,5—5,5 (im Mittel 5) mm langen, 2¹/₂—3¹/₂ (im Mittel 2,7) mm breiten und meist 1¹/₂ mm dicken, verkehrt-eiförmig-rhombischen Samen werden auf dem Rücken von dem glänzend gelbbraunen, fest anhaftenden und am Grunde kurz ohrartig auf die Bauchfläche umgebogenen basalen Flügelreste bedeckt und zeigen auf dem vom Flügel freien, matt graubraunen Theile der Bauchfläche viele kleine, von schwach blasigen Harzdrüsen herrührende, dunkelbraune Tupfen und Strichelchen; der freie, längliche, vorn abgerundete oder stumpfe, ganzrandige, blassbraune Theil des Flügels ist etwa so lang als der Same.

Eine in den Anbauplan aufgenommene japanische Hemlockstanne.

A. I. 2. b. *α.* **Larix.** Lärchen.

Der grosse Flügel ist mit dem Samen verwachsen, bedeckt von der unteren Samenseite nur den untersten Rand. Die unbedeckte Samenseite ist ohne scharfe Zeichnung ziemlich einfarbig, gelblichbraun und matt, der mit dem Flügel bedeckte Samentheil glänzend. Samenschale hart und ohne Harzlücken. In deutschen Waldungen ist ausser der einheimischen Lärche die japanische L. leptolepis (japonica) angebaut, deren Samen sich kaum von jenen unserer Lärche unterscheiden.

Fig. 23. **Larix europaea.** $^9/_{10}$ nat. Gr.

1. Schuppe ohne Samen, deutliche Sameneindrücke.
2. Same von unten, vom Flügel an der unteren Kante bedeckt.
3. Geflügelter Same von unten. Same mit dem Flügel verwachsen.
4. Same von dem mit ihm verwachsenen Flügeltheile bedeckt, von oben, zur Saat „entflügelt".
5. Same von oben, vom Flügel ganz bedeckt.

Larix europaea. Gemeine Lärche.

Der Same rundlich mit 3 fast gleichen Seiten, oben abgerundet, 4—5 mm lang.

Der Flügel bedeckt die untere Samenspitze wie mit einer Kappe, seine innere Seite ist gerade, die äussere gewölbt, er endet in allmählicher Abrundung, daher die grösste Breite nicht tief unter der Mitte liegt. Sie beträgt 5 mm; der Flügel ist 13 mm lang.

Bestäubungszeit: März, April, Samenreife: Oktober, November, Samenabfall: oft bis in den Sommer des 2. Jahres, indem sich die Zapfen je nach der Witterung öffnen und schliessen und Jahre lang am Baum hängen bleiben. Vollständiger Samenabfall findet meist nur mit Hülfe der Vögel und Eichhörnchen statt. Samenruhe: 3—5 Wochen, Keimdauer: 2—4 Jahre, Samenjahre: 3—5 (6—10) Jahre.

Larix leptolepis. Japanische Lärche (nach Luerssen).

Die 3—5 mm (im Mittel 4 mm) langen, 2—3 (im Mittel 2½) mm breiten und 1¼—1¾ (im Mittel 1,6) mm dicken, verkehrt-eiförmigen und schräg gestutzten, daher fast 3 eckigen Samen werden auf der Bauchseite ganz von dem fest anhaftenden, auf der Rückenseite nur an der unteren Spitze von dem kurz umgeschlagenen Theile der Flügelbasis bedeckt und sind auf dem freien Theile der Rückenseite auf grauweissem bis bräunlich-weissem Grunde sehr fein und unregelmässig braun punktirt und gestrichelt. Der glänzend braune bis graubraune und mit kurzen, dunkleren Strichelchen versehene Flügel ist messerförmig, stumpf, ganzrandig, fast so lang als die Zapfenschuppen und 3 mal so lang als der Same.

Eine im Anbauplan aufgenommene japanische Holzart.

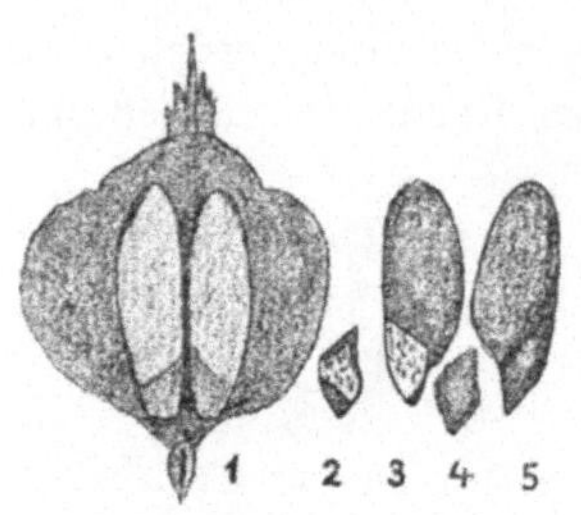

Fig. 24. **Pseudotsuga Douglasii.**
⁹/₁₀ nat. Gr.

1. Schuppe ohne Samen, Deckschuppe weit hervorragend, Sameneindrücke schwach.
2. Same von unten, an der Spitze vom Flügel bedeckt, mit dem Flügel verwachsen, zur Saat „entflügelt".
3. Geflügelter Same von unten.
4. Same von oben, von dem mit ihm verwachsenen Flügeltheile bedeckt, daher mit unscharfem Rande.
5. Geflügelter Same von oben, ganz vom Flügel bedeckt.

A. I. 2. b. *β.* **Pseudotsuga.**
Douglastannen.

Der grosse Flügel ist mit dem Samen verwachsen, bedeckt den untersten Rand des Samens kappenartig, indem er auf die Samenunterseite übergreift. Die vom Flügel bedeckte Oberseite ist durch diesen glänzend. Der unbedeckte Theil der Unterseite weisslich matt, bei den meisten Körnern mit scharfer brauner Strichelung. Der Same besitzt eine harte, harzfreie Schale.

Pseudotsuga Douglasii. Douglastanne.

Same langgestreckt, scharf 3 eckig, 5—7 mm lang. Flügel braun, 14—15 mm lang, die Innenseite gerade, doch nach oben abgewölbt, die äussere Seite in ziemlich regelmässigem Bogen, grösste Breite in der Mitte 5—6 mm.

Bestäubungszeit: April, Mai, Samenreife: im Herbste, Abfall: sogleich aus den sich öffnenden Zapfen. Samenruhe: 3 bis 4 Wochen, doch liegt ein Theil der Samen häufig über, zumal bei älteren Samen, worauf wegen Neubenutzung der Saatbeete zu achten ist.

Die Douglastanne in verschiedenen Formen von der Küste und den Bergen des westlichen Amerikas ist in deutschen Waldungen vielfach mit bestem Erfolge angebaut und schmückt eine grosse Anzahl von Parkanlagen. Sie hat nächst der Weymouthskiefer die beste Aussicht auf völlige Einbürgerung.

A. I. 2. c. Cedrus.

Der sehr grosse Flügel ist mit dem Samen verwachsen und bedeckt die eine Seite nur, welche glänzt. Die unbedeckte Seite ist matt. Höchstens wird von der Unterseite ein ganz schmaler Rand vom

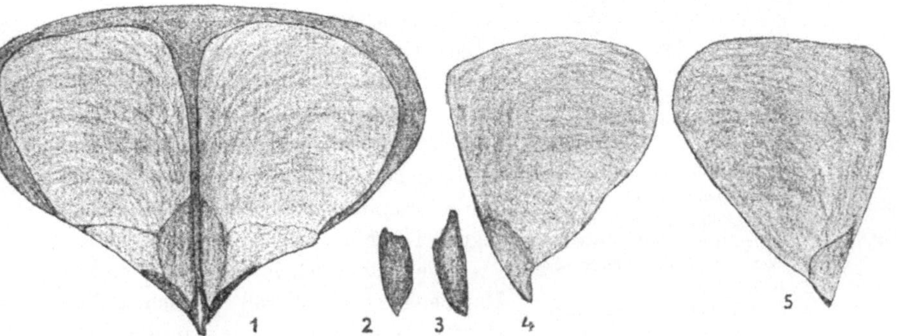

Fig. 25. Cedrus. $^9/_{10}$ nat. Gr.

1. Schuppe ohne Samen mit schwachen Sameneindrücken.
2. Same mit dem Flügel verwachsen, von oben.
3. Same von unten.
4. Geflügelter Same von oben.
5. Geflügelter Same von unten.

Flügel bedeckt. Der Same ist langgestreckt und weich, Samenhülle harzreich.

Die verschiedenen Cedernarten, Cedrus atlantica, Deodara, Libani, die sich alle schon in Bozen in starken Exemplaren finden, dürften sich nur durch die Samengrösse von einander unterscheiden. Der Same von Cedrus Libani ist 10—12 mm lang, 4—5 mm breit, weich, zeigt stets den rauh abgerissenen Flügelrand. Der Flügel besitzt innen eine gerade Seite bis 40 mm lang, ebenso eine oben, die sich nach aussen abwölbt und in die dritte ebenfalls gerade verläuft. Die grösste Breite liegt daher ganz oben und beträgt 30 mm. Die Samen der Deodara-Ceder sind kleiner. Die Cedern vom Libanon, Atlas und Himalaya halten in Deutschland nur in den mildesten Tieflagen aus.

A. II. 1. **Libocedrus.**

Same mit seitlich ausgebildeten Flügeln. Flügel sehr gross und ungleich.

Libocedrus decurrens. Kalifornische Flussceder.

Same ca. 6 mm lang und schmal, blassgelb, nur an kleiner Stelle unten nach beiden Seiten hin vom Flügel unbedeckt. Flügel um das Samenkorn verdickt, dann braun, häutig nach oben und den Seiten entwickelt, und zwar der äussere Flügel schmal und kurz, der innere am Ende des Samens sich stark verbreiternd und länger, im Ganzen 20 mm. Die einseitige Form des ganzen Samens kommt daher, dass 2 Samen schräg beisammen liegen und der Same jeweils im unteren Theil die Flügelausbildung des anderen hindert. Beide zusammen bilden eine regelmässige Figur. Die Flügel sind oben abgerundet.

Die Samenschale ist mit dicken Harzbeulen bedeckt voll röthlich-gelben Harzes, welches bei Druck ausfliesst.

Aus den Gebirgen Kaliforniens und Oregons in Deutschland probeweise angebaut.

Blüht im Frühjahr, reift und entlässt die Samen im Herbste.

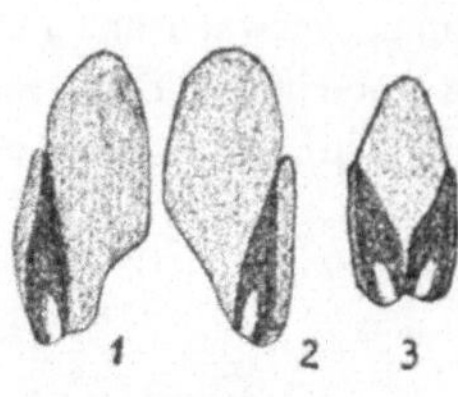

Fig. 26.
Libocedrus decurrens.
$^{9}/_{10}$ nat. Gr.

1. und 2. stellt Samen dar mit den beiden ungleich ausgebildeten Flügeln, welche nur an einer kleinen Stelle der Oberfläche des Samens nicht ausgebildet sind.
3. zeigt 2 Samen in der Lage, wie sie auf der Schuppe sitzen, der grosse Flügel des linken Samens bedeckt den grossen Flügel des rechten Samens.

A. II. 2. a. **Sciadopitys.**

Same mit 2 grossen, nicht ablösbaren, einander gleichen Flügeln, Same flach, über 10 mm lang.

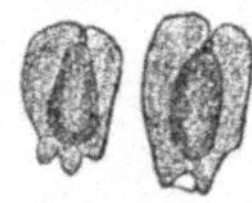

Fig. 27.
Sciadopitys verticillata.
$^{9}/_{10}$ nat. Gr.

Sciadopitys verticillata. Japanische Schirmtanne.

Same ohne Flügel 9—10 mm, mit Flügeln 12—14 mm lang, und ohne Flügel 3—4, mit Flügel 7—8 mm breit. Samenspitze deutlich und ziemlich flügelfrei, Samenbasis rundlich, hell, rechts und links meist noch ein Flügellappen. Same und Flügel dunkelbraun, wenig unterschieden, derb, beiderseits glänzend, flach zusammengedrückt, 1—2 mm dick.

Diese japanische Holzart gedeiht ohne Schutz in Bozen und an milden Orten Deutschlands, in den übrigen Theilen ist sie schutzbedürftig und zu langsamwüchsig, um im Walde erfolgreich angebaut zu werden.

A. II. 2. b. α. Chamaecyparis.

Same mit 2 gleichen, seitlichen Flügeln; Same rundlich.

1. Flügel zart, häutig, gelbbraun.

Chamaecyparis pisifera. Sawara oder Erbsenfrüchtige Lebensbaum-Cypresse.

Same sehr dünn und zart, eiförmig, sich nach der Spitze verschmälernd, 2 mm lang, 1 mm breit, dunkler wie die Flügel, beiderseits mit vielen (3—5) kleinen Harzbeulen bedeckt und hierdurch warzig erscheinend. Die Basis bildet ein kleines, braunes, flügelfreies Scheibchen, die Spitze ist fein ausgezogen, aber nicht immer deutlich, die Flügel laufen hier nahe zusammen und sind oft völlig verwachsen. Die Flügel sind 2 mm lang, 1½ mm breit, sehr zart, weich und durchscheinend.

Der Same erinnert an den Samen der Birke, der von Chamaecyparis Lawsoniana eher an den der Schwarzerle. Er ist auch heller, zarter und durchscheinender wie der von Cha-, maecyparis obtusa, welche von Chamaecyparis Lawsoniana kaum unterscheidbar ist.

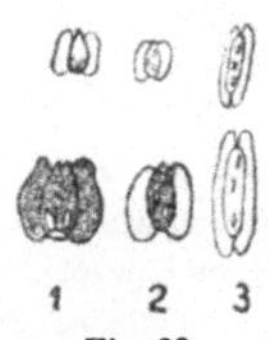

Fig. 28.

Oben ⁹/₁₀ nat. Gr., unten vergrössert.

1. Chamaecyparis Lawsoniana.
2. Chamaecyparis pisifera.
3. Thuja gigantea.

Diese Holzart, aus Japan eingeführt, ist zum forstlichen Anbau in Deutschland ausersehen.

2. Flügel derb, knorpelig.

Chamaecyparis Lawsoniana. Lawsons Lebensbaum-Cypresse.

Der Same und die beiden seitlichen Flügel sind gleichfarbig braun. Der Same ist eiförmig, plattgedrückt, mit einer feinen Spitze an der oberen flügelfreien Seite. An der anderen flügelfreien Seite (Ansatzstelle) zeigt er einen hellen Basalfleck.

Der Same ist 3—4 mm lang, 2 mm breit, ca. 1 mm dick, beiderseits platt, glänzend und beiderseits mit wenigen grossen, länglichen Harzbeulen bedeckt.

Die Flügel sind wenig über 1 mm breit und laufen nur an den Längsseiten des Samens, dessen Spitze und Basis freilassend;

Sie sind meist sehr verbogen; oft sind auch 3 Flügel vorhanden, wie auch bei Chamaecyparis obtusa, der Sonnen oder Hinoki Lebensbaum-Cypresse aus Japan, die in den forstlichen Anbauplan aufgenommen ist.

Die Lawsons-Cypresse aus Kalifornien ist in Deutschland hart und schnellwüchsig und bereits vielfach daselbst angebaut. Sie blüht im Frühjahr, reift im Sommer und entlässt die Samen sofort; die Samenruhe beträgt 3—4 Wochen. Sie trägt schon mit 10—15 Jahren und zwar jährlich und reichlich Samen.

A. II. 2. b. α. 3. Thujopsis.

Thujopsis dolabrata. Beilblätteriger Lebensbaum.

Fig. 29.
Thujopsis dolabrata.
Geflügelte Samen.
vergrössert, 2. $^9/_{10}$ nat. Gr.

Die Samen sind mit deutlichem, hell braunem, schmalem, häutigem Flügelrande versehen, beiderseits convex und mit Harzbeulen bedeckt, ca. 5 mm lang, 3—4 mm breit, ziemlich flach, doch verbogen, körperlich eckig, mit feinen Spitzchen und kleiner rundlicher Ansatzstelle.

Diese japanische, bei uns langsam wachsende und früh reichlich fruchtende Holzart ist in den forstlichen Anbauplan aufgenommen.

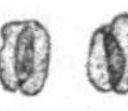

Fig. 30.
Wellingtonia gigantea.

A. II. 2. b. α. 4. Wellingtonia.

Same ohne Harzbeulen, Flügel derb, breit, vom Samen wenig abgegrenzt, strohgelb.

Wellingtonia gigantea. Riesen-Wellingtonie.
Same 5 mm lang, mit Flügel 6 mm lang und mit Flügel 4 mm breit, oval, sehr flach. Same kaum im Flügel hervortretend, etwas dunkler. Ansatzstelle des Samens unscheinbar, klein, rundlich.

Dieser kalifornische Riesenbaum gedeiht ohne Schutz in Bozen und den milden Lagen Deutschlands, ist im Walde nicht anzubauen, weil er in strengen Wintern erfriert.

A. II. b. β. Thuja.

Längliche Samen mit 2 deutlichen, weichhäutigen Flügeln an den Längsseiten.

Thuja gigantea (Menziesii) Riesenlebensbaum.

Same gelbbraun, schmal und langgestreckt, ca. 5 mm lang, ca. 1 mm breit. Der Flügel, an der Unterseite verwachsen, lässt die Spitze frei, ragt aber selbst viel höher wie diese hinaus, er ist ca. 6 mm lang. Der Same trägt beiderseits mehrere längliche Harzdrüsen. Der Flügel ist hellgelb durchscheinend, der ganze Same regelmässig und sehr flach.

Thuja gigantea aus Nordamerika wird im Walde versuchsweise angebaut, Thuja plicata und Thuja occidentalis dagegen mehr in Anlagen und auf Kirchhöfen; ihre Samen sind kaum von denen der gigantea zu unterscheiden.

Thuja japonica (Standishi). Japanischer Lebensbaum.

Die Samen zeigen nach Luerssen $5^1/_2$—7 mm Länge, 2—3 mm Breite (ohne Flügel $1^1/_2$—2 mm) und ca. 1 mm Dicke. Die Form schwankt unter Einrechnung des Flügels zwischen linealisch länglich bis länglich. Der gelbbis hellbraune, bei durchfallendem Lichte aber noch eine sehr schmale blassere Randlinie zeigende, häutige Flügel hat durchschnittlich

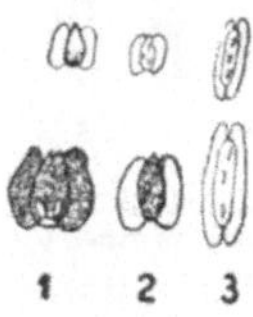

Fig. 30 a.
Oben $^9/_{10}$ nat. Gr., unten vergrössert.
1. **Chamaecyparis Lawsoniana.**
2. **Chamaecyparis pisifera.**
3. **Thuja gigantea.**

etwa nur $^1/_3$ der Breite der meist graubraunen und auch schwach glänzenden Samenschale, verläuft vollständig vom Grunde bis zum Scheitel, ist an letzterem sehr häufig schief, in anderen Fällen gerade gestutzt bis leicht ausgerandet und unter der Loupe äusserst fein gezähnelt, sonst ganzrandig. Die Harzdrüsen der Samenschale sind in Zahl, Form und Grösse sehr veränderlich, doch liegen in der unteren Hälfte jederseits gewöhnlich 1—3 mm lang gestreckte, parallele, in der oberen mehrere kleinere rundliche bis längliche Drüsen.

Eine japanische Holzart, die in den Anbauplan aufgenommen wurde.

A. III. Cupressus.

Same unregelmässig geflügelt, mehrflächig (nicht flach). Flügel theils ziemlich gross, theils nur ein schmaler Rand, Same länglich mit ovaler Ansatzstelle in der Mitte der Samenbasis.

Cupressus sempervirens. Echte Cypresse.

Same mit Flügel ca. 6 mm lang und 3—4 mm breit mit mehreren Längskanten und Flächen, frisch gelblich, später Same und Flügel dunkelbraun werdend.

Flügel derb, knorpelig, theilweise nur saumartig, stellenweise auch fehlend; der Same ist nicht wie die vorigen flach (flächenförmig), sondern mehr körperlich.

Die echte Cypresse aus Asien gedeiht in Bozen noch zu riesigen Bäumen, ist in Deutschland aber nur Kalthauspflanze. Sie ist im Mittelmeergebiet weit verbreitet.

Fig. 31.
Cupressus sempervirens.
9/10 nat. Gr.
3 Samen von verschiedenen Seiten.

Fig. 32.
Cryptomeria japonica.
9/10 nat. Gr.
Eckige Samen mit einzelnen Flügelrändern.

Fig. 33.
Biota orientalis.
9/10 nat. Gr.
Nüsschen mit Basalflecken,
Spitzchen und Längsleisten.

A. IV. Cryptomeria.

Same nur mit schwachen Flügelrändern.

Cryptomeria japonica. Cryptomerie.

Der Same ist flach oder 3 kantig, sehr verschieden gestaltet, da er verschiedene Kanten und Flächen ausbildet. Er ist im Ganzen länglich oval, hat ein feines Spitzchen, ist beiderseits dunkelbraun, glänzend, besitzt im basalen Theile eine schmale hellere, matte Stelle (Ansatz). Der Same ist 4—6 mm lang, seine Breite ist sehr verschieden, ca. 1—3 mm. Der Flügelrand ist schmal, an einzelnen Stellen deutlicher zieht er sich an den Kanten hin, gegen die Spitze ist er breiter, lässt diese selbst frei und erscheint derb, knorpelig.

Cryptomeria japonica aus Japan gedeiht in milden Lagen Deutschlands, wächst in Bozen sehr üppig und hält dort vollkommen aus.

B. I. Biota.

Same nussartig, klein, flügellos, eiförmig, braun, mit heller, 1/4 des Samenkorns einnehmender Basis.

Biota orientalis. Lebensbaum.

Die Samen sind eiförmig, mit breiter Basis, sie haben 2—3

zarte Längskanten. Der matte hellbraune Basalfleck reicht an den Flächen zwischen den Kanten bis in $\frac{1}{4}$ Länge des Samens hinauf, während die schwach glänzende braune Samenfarbe dazwischen an einigen Stellen fast bis zur Samenbasis herabläuft. Die Samen sind 5—6 mm lang, an der Basis 2—3 mm breit. Die Spitze ist fein ausgezogen.

Diese Holzart, welche nicht in unseren Waldungen, sondern besonders in den Kirchhöfen milder Gegenden mit Thuja occidentalis vorkommt, unterscheidet sich von der letzteren leicht in den Samen, und an den Blättern durch eine schmale rinnenförmige Vertiefung in der Mitte der Flächenblätter, gegenüber einer punktförmig erhabenen Oeldrüse der Thuja.

Sie stammt aus Nord-China und Japan und bedarf im rauheren Deutschland des Schutzes.

B. II. 1. Taxus.

Same ein hartschaliges Nüsschen von einem rothen Arillus umhüllt, erbsengross, frisch roth, dann braun.

Taxus baccata. Eibe.

Der Same ist eiförmig, der untere Samenpol zeigt eine stumpfe Erhebung, welche von einer ringförmigen Basalfläche umgeben ist, der obere besitzt eine deutliche Spitze. Er ist ca. 10 mm lang und in der Mitte ca. 10 mm breit; er ist Anfangs roth, später braun und hartschalig. Ein Theil der Samen sind noch von dem eingetrockneten Arillus bedeckt mit den

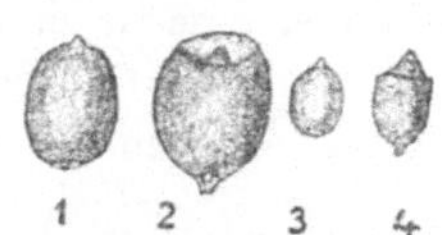

Fig. 34. **Taxus baccata.**
$^{9}/_{10}$ nat. Gr.

1. und 3. Nüsschen.
2. und 4. Same mit Arillus.
1. und 2. vergrössert.

schuppenartigen Blättern der Triebspitze, auf welcher sie sassen. Der Same ist von 2 Seiten schwach zusammengedrückt und zeigt 2 stumpfe Längskanten.

Die Eibe findet sich zersprengt noch allenthalben in deutschen Waldungen, geht aber ihres langsamen Wuchses wegen dem Untergange entgegen.

Bestäubungszeit: März—Mai, Samenreife: October, Samenabfall: im Herbste, Samenruhe: 1—3 Jahre bei Herbstsaat, nach Ueberwinterung und Frühjahrssaat: 3—4 Jahre.

B. II. 2. Ginkgo.

Same eine hartschalige Nuss in einen gelben Arillus eingeschlossen. Same wie ein Aprikosenkern, glatt, hellgelb.

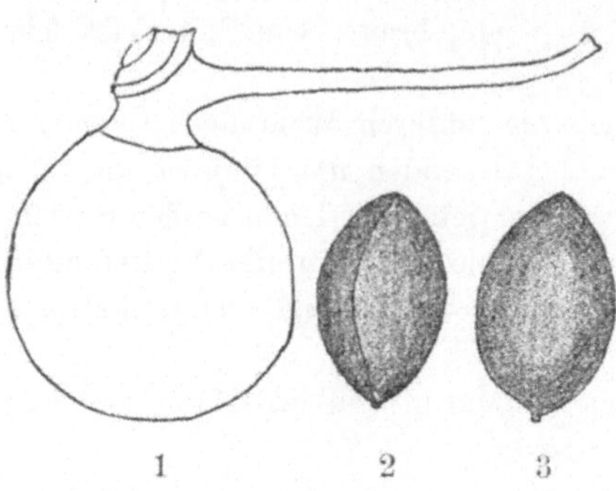

Fig. 35. Ginkgo biloba. ⁹/₁₀ nat. Gr.

1. Same mit dem pflaumenartig ausgewachsenen Integument.
2. und 3. Samen nach Entfernung dieser harzig
werdenden, übel riechenden gelben Aussenhülle.

Ginkgo biloba (Salisburia adiantifolia).

Same 22—25 mm lang, 14—15 mm breit, wie ein glatter Aprikosenkern geformt mit 2 oder 3 Längsleisten, strohgelb; der pflaumenähnliche Auswuchs des Integumentes ist ähnlich einem Arillus und von gelber Farbe. Er riecht intensiv nach Capronsäure und dürfte die Vögel vom Genusse des Samens abhalten.

Die Befruchtung des bestäubten Samens findet erst an dem zu Boden gefallenen Samen statt.

Ginkgo ist nicht in forstlichem Betriebe, gedeiht aber sehr wohl in den Anlagen des milderen Deutschlands.

B. III. Taxodium.

Same schuppenartig, gross, unregelmässig, dreikantig.
Taxodium distichum. 2zeilige Sumpfcypresse.

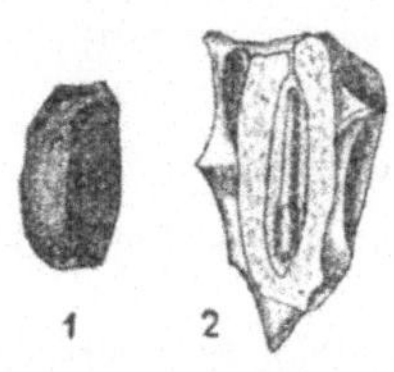

Fig. 36.
Taxodium distichum.

Links Same in ⁹/₁₀ nat. Gr.
Rechts Same vergrössert mit
Embryo nach Prantl.

Der Same ist eigenthümlich geformt, ca. 15 mm lang, er besitzt 3 unregelmässige Längsflächen, die, soweit sie den Zapfentheilen anliegen, matt hellbraun sind, soweit sie an einen weiteren Samen angrenzen, wie mit einem dunkeln Chocoladeaufguss bedeckt erscheinen. Diese braune Haut lässt sich übrigens mit dem Messer ablösen. Sie sind häufig verschmiert mit einem feuerrothen Harze, welches sich in langen grauen Beulen im Zapfen zwischen den

Samen vorfindet. Die Zapfen sind holzig schwammig und unförmlich. Die Samenschale ist äusserst dick und verholzt. Die Samen sind nicht zu verwechseln mit kugelrunden, einem Samenkorn sehr ähnlichen, verholzten Gallen eines Insektes (Cynips-Art), welche in den Zapfen vorkommen.

Das sommergrüne Taxodium aus den sumpfigen Niederungen Nordamerikas erwächst in milden Lagen Deutschlands zu mächtigen Bäumen, hat aber im Walde (an versumpften Orten) bis jetzt noch keinen Eingang gefunden.

Taxodium sempervirens aus dem westlichen Nordamerika ist überhaupt nicht frostbeständig, gedeiht aber schon in Bozen ganz gut.

B. IV. Juniperus.

Same ein hartes Nüsschen, zu mehreren in eine durch Verwachsen und Fleischigwerden der Samenschuppen entstandene Beere eingeschlossen.

Die Samen sind entweder noch in der Beere oder zeigen doch noch Beerenreste an ihrer Schale.

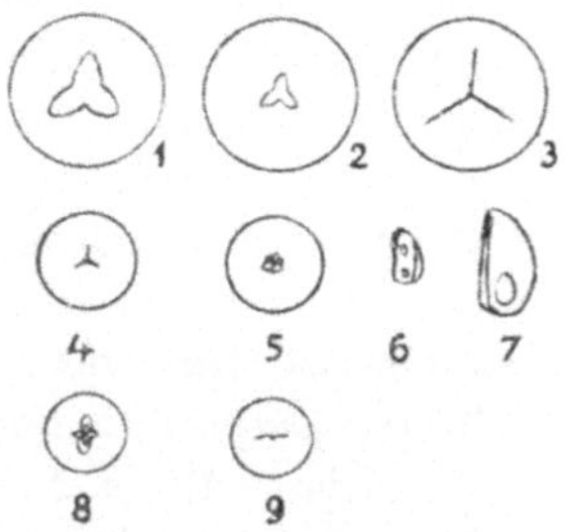

1. Section. Oxycedrus.

Frucht aus 1—2 Fruchtblattquirlen gebildet, die Quirle 3zählig, nur der oberste resp. einzige ist fruchtbar. Samen 3 in der Beere, unter einander frei, mit Harzbeulen an der Schale.

Juniperus communis. Wachholder.

Beere schwarzbraun, mit blauem Reife überzogen, rund, lässt oben den Rand der hier nicht verwachsenen Fruchtblätter als ein 3 Eck erkennen. Die Beere hat einen Durchmesser von 6—8 mm. Der Same ist länglich, oben verschmälert, hartschalig, die Schale trägt mehrere längliche Harzdrüsen und eine Längskante.

Fig. 37. **Juniperus.** $^9/_{10}$ nat. Gr.

1. 2. 3. 7. Juniperus Oxycedrus.
1. und 2. Beerenzäpfchen von unten,
 3. von oben, 7. Same mit Harzbeule.
4. 5. 6. Juniperus communis.
4. Beerenzäpfchen von oben, 5. von unten.
6. Same mit Harzbeulen.
8. 9. Juniperus virginiana.
8. von unten.
9. von oben.

Der gemeine Wachholder blüht im Frühjahr, die Beeren sind im 2. Jahre noch grün und werden im October des 2. Jahres erst reif und schwarzblau, sie fallen dann bis zum Frühjahr vom Strauch und liegen 1 bis 2 Jahre im Boden bis zur Keimung.

Juniperus nana, in den Alpen (von manchen nur als eine niederliegende Standortsvarietät des gemeinen Wachholders angesehen) mit sehr breiten, stumpfen Blättern und breiten, weissen Streifen in deren Mitte.

Juniperus Oxycedrus, in Südeuropa, dem Orient und Nordafrika, hält hier nicht aus.

Er trägt grosse (Durchmesser 12—14 mm), braunrothe, aus 6 Fruchtblättern bestehende Beeren, welche an der Fruchtblattgrenze einen blauen Reifstreifen besitzen.

2. Section. Sabina.

Fruchtblätter in 2—3 Quirlen, der obere meist unfruchtbar. Samen 1 oder 2 pro Fruchtblatt, unter einander frei.

Fruchtblätter gegenständig, nach aussen schildförmig verdickt und auf der Schildmitte gebuckelt oder bespitzt.

Beere mit 1—4 Samen, an der Spitze nur 2 Furchen als Fruchtblattgrenzen zeigend.

Juniperus Sabina. Sade oder Sevenbaum.

Beeren schwarz mit hellblauem Reif, 6—8 mm im Durchmesser. Ein Strauch in Mittel- und Südeuropa.

Juniperus virginiana. Virginische oder rothe Ceder.

Beeren purpurroth mit blauem Reife, etwas kleiner wie die vorigen. Dieser Baum 2. bis 3. Grösse aus Nordamerika wird zur Erziehung des Bleistiftholzes mit Erfolg in Deutschland cultivirt und ist vollkommen hart.

B. Samen und Früchte

der in Deutschland angebauten forstlich wichtigen

Laubhölzer.

Eintheilung der besprochenen Früchte*).

A. Scheinfrüchte.

Zu ihrer Bildung werden ausser dem Fruchtknoten, welcher zur echten Frucht sich ausbildet, andere Theile der Blüthe verwendet wie z. B. Achsentheile, Fruchtboden, Perigon.

I. Scheinfrüchte, welche aus mehreren Früchten (Blüthen) zusammengesetzt sind.

1. Morus.

Der weibliche Blüthenstand, dessen Einzelblüthen je einen einsamigen Fruchtknoten mit Perigon darstellen, wird zur kugeligen Maulbeere, indem die fleischig gewordenen Perigone mit einander verschmelzen.

2. Platanus.

Das weibliche Blüthenkätzchen, dessen Einzelblüthen je einen einsamigen Fruchtknoten in der Achsel einer verholzten, kleinen Deckschuppe darstellen, wird zur Kugelfrucht, indem die Früchtchen in der fleischig gewordenen gemeinsamen Blüthenachse eingesenkt sitzen.

3. Ficus.

Die ganzen Blüthen, später echte Steinfrüchtchen, sitzen auf der Innenfläche der zu einer länglichen Hohlkugel ausgewachsenen fleischigen Blüthenachse.

II. Scheinfrüchte, welche aus den Früchten (Fruchtknoten) einer einzigen Blüthe sich gebildet haben.

---

*) Die Tabelle zur praktischen Bestimmung von Samen und Früchten befindet sich am Schlusse dieser Abtheilung.

1. Pomaceenfrucht.

Die Fruchtknoten der Blüthe stehen in der gehöhltcn Blüthenachse (Hypanthium), sie verwachsen unter sich und mit dieser. Auf dem oberen Rande der Blüthenachse sitzen die Kelchblätter (meist 5). Die Pomaceenblüthe enthält mehrere, die Amygdaleenblüthe nur einen Fruchtknoten.

a) Kernapfel; Apfel mit Kernhaus.

Die Wandung der Fruchtknoten bildet die Wand der die Samen einschliessenden Kernhausfächer und bleibt lederartig weich.

Pirus, Cydonia, Amelanchier, Sorbus.

b. Steinäpfel. Früchte mit harten Steinkernen.

Die Wandung der die Samen einschliessenden Fruchtknoten wird sklerenchymatisch hart, so dass die Fruchtknoten zu Steinkernen werden.

Crataegus, Mespilus, Cotoneaster.

2. Cupuliferen.

Quercus, Fagus, Castanea sind von einer echten Cupula umgeben, aus welcher die Früchte aber ausfallen.

Corylus, Carpinus, Ostrya besitzen eine unechte Cupula, von der getrennt sie zur Saat kommen.

3. Rosaceae.

Bei *Rosa* sind die zahlreichen hartschaligen Nüsschen im fleischigen Hypanthium völlig eingeschlossen. Die 5 Kelchblätter sitzen nahe am Rande des letzteren und krönen die Hagebutte.

Bei *Fragaria* sind die harten Früchtchen im fleischig gewordenen Blüthenboden ganz eingesenkt.

Bei *Rubus* verwachsen die einzelnen fleischig gewordenen Früchtchen unter einander zu einer kugeligen, durchaus weichen Scheinfrucht.

4. Hippophaë.

Der Kelch ist eine saftige Hülle geworden um die harte Steinkernfrucht, so dass eine Scheinbeere entsteht.

B. Echte Früchte,

bei deren Bildung sich nur die Fruchtknoten einer Blüthe betheiligen.

I. Saftige Früchte.

Die Fruchtknotenwand (Pericarp) ist ganz oder theilweise fleischig und saftig.

1. Steinfrucht.

Die äusserste Schicht der Fruchtknotenwand, des Pericarps, ist meist zart und erscheint oft nur als dünne Haut (Epicarp). Die mittlere Schicht, das Mesocarp, wird meist fleischig und trennt sich leicht von der innersten sklerenchymatischen Schicht, dem Endocarp, welches auch nach Aufreissen oder Verwittern der äusseren Schichten den Samen (der selbst nur eine dünne häutige Samenschale besitzt) bis zur Keimung umgiebt.

Pflaumenfrucht: *Prunus*-Arten, *Persica; Juglans, Carya, Amygdalus, Olea, Celtis, Cornus, Sambucus, Viburnum, Rhamnus, Rhus* (aber trocken!).

2. Beere.

Die Samenschale ist hier hart, sklerenchymatisch. Die Samen sind in ein weiches Mesocarp und Endocarp eingeschlossen. Nur die Aussenschichte des Epicarp ist derber aber doch selten harter, verholzter Natur.

Die Beeren sind bald ein-, bald mehrsamig. Zur Saat kommen bald die Samen, bald die getrockneten Beeren.

Ligustrum, Berberis, Ilex, Ribes, Daphne, Hedera, Citronen, Orangen, Kürbis, Dattel, Weinbeeren, Mistelbeeren, Granaten, die einzelnen Beeren der *Brombeere* und *Himbeere*.

II. Trockene Früchte.

Die Fruchtknotenwand ist trocken, holzig, hart oder lederig.

1. Schliessfrüchte.

Die meist zartschaligen Samen bleiben in der Fruchtschale bis zur Keimung eingeschlossen. Es kommen demnach die Früchte zur Saat.

1. Einsamige.

Von den meist in der Mehrzahl im Fruchtknoten angelegten Ovulis wird in der Regel nur eines zum Samen entwickelt, die übrigen bleiben unentwickelt. Hierher gehören:

Die Amentaceenfrüchte: *Alnus, Betula, Corylus, Carpinus, Ostrya, Quercus, Fagus, Castanea,* ferner: *Ulmus, Ptelea, Ailanthus, Liriodendron, Fraxinus, Ornus, Tilia, Magnolia, Clematis* (*Rosa* und *Hippophaë* innerhalb ihrer fleischigen Hülle), (Gräser etc.).

2. Mehrsamige.

Acer; die mehrsamige Frucht zerfällt bei der Reife in zwei einsamige Theilfrüchte.

———

Von den Schliessfrüchten ist bei folgenden die Fruchtknotenwand in einen Flügel ausgewachsen:

Alnus, Betula, Ulmus, Ptelea, Ailanthus, Liriodendron, Fraxinus, Ornus, Acer.

Carpinus besitzt als Flugorgan die verwachsenen Deckblätter, *Tilia* ein Hochblatt, *Clematis* einen Haarschopf.

II. Springfrüchte.

Die mit einer derben, resistenten Schale versehenen Samen, meist zu mehreren in der Frucht eingeschlossen, gelangen schon zur Reifezeit durch Oeffnen des Pericarps in's Freie. Zur Aussaat kommen demnach nur S a m e n.

a) Hülse.

Der Fruchtknoten einer Blüthe bildet sich zu einer Hülse aus; das (eine) Carpell ist zusammengeklappt und trägt 1 bis viele Samen an der Bauchnaht. Zur Reifezeit springt die Hülse an Bauch- und Rückennaht auf, so dass die Samen allmählich herausfallen können.

Leguminosen-Samen: Papilionaceen und Caesalpiniaceen, mit glatten, glänzenden, harten Samen: *Cytisus, Robinia, Gleditschia, Gymnocladus, Cercis, Colutea, Caragana, Sophora, Amorpha, Spartium, Genista.*

(Balgfrüchte und Schoten kommen bei unseren Waldbäumen nicht vor.)

b) Kapsel.

Der mehrtheilige, ein- oder mehrfächerige Fruchtknoten reisst zur Reifezeit der Länge nach in mehrere Klappen auf und entlässt die Samen. Das Aufreissen kann längs der Carpellgrenzen geschehen (septicid) oder mitten durch diese der Länge nach (loculicid).

Aesculus, Paulownia, Salix, Populus, Syringa, Evonymus, Calluna, Myricaria, Rhododendron.

(Pyxidium und Porenkapsel kommen bei unseren Waldbäumen nicht vor.)

III. Einzelne andere trockene Früchte, z. B. *Rhus* hat eine trockene Steinfrucht.

Das Saatgut besteht meistens aus Früchten; nur die Samen der Springfrüchte (Leguminosen und Kapselfrüchte) kommen als solche zur Saat, ferner die Samen mancher Beeren, wie z. B. von Ribes, Datteln, Kürbis, Zitronen, Orangen, Granaten, während andere Beeren, wie z. B. Liguster und Berberis mit dem eingetrockneten Pericarp in den Handel kommen, ferner die Samen mancher Scheinfrüchte, wie Apfel, Birne, Quitten. Von den übrigen säet man die Früchte und zwar ganz, so die meisten trockenen Früchte oder die Samen eingeschlossen vom harten Pericarptheil, während der weiche weggenommen wurde, so z. B. bei Pflaumen, Kirschen etc., oder mit eingetrocknetem Pericarp, so manche Beeren und Scheinfrüchte, wie Sorbus, Crataegus, Cotoneaster oder Steinfrüchte, wie Celtis, Rhus, Juglans nigra u. s. w.

Specielle Beschreibung der einzelnen Laubholz-Samen und -Früchte.

Alnus glutinosa, Schwarzerle (Betulaceae).

Früchte 2—4 mm lang, plattgedrückt, mit rechtwinkliger oder stumpfkantiger Spitze, ohne Flügel, aber nur mit schwachem Knorpelrande. Alle Früchte gleichfarbig, hellbraun, glänzend.

Der mit dem Perigon verwachsene Fruchtknoten enthält 2 Samenknospen, von denen eine in der Regel fehlschlägt.

Fig. 38.
Alnus glutinosa.
9/10 nat. Gr.
1. und 2. vergrössert.

Auf der Fruchtschuppe, die am holzigen Zapfen bleibt, sitzen 2 Früchte.

Samenjahre: Alle Jahre, Keimdauer: bis zum 3. Jahre (Schwemm-Same muss gleich gesäet werden!), Samenreife: Ende September—October, Abfall: im Winter bis Frühjahr, Samenruhe: im Frühjahr 4—5 Wochen.

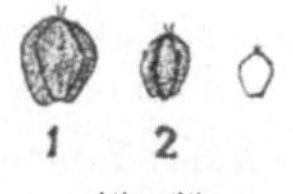

Fig. 39.
Alnus incana.
1. und 2. vergrössert.

Alnus incana, Weisserle (Betulaceae).

Früchte etwas grösser wie die von glutinosa, rund und oben abgerundet, mit schwachem, dunkelm Flügelrande, helle und dunkle Körner vermengt. — Der Same von Alnus (Alnaster) viridis hat einen dünnen Flügelrand—.

Betula verrucosa, Harzbirke (Betulaceae).

Die Deckschuppen zu einer 3lappigen Schuppe verwachsen, diese ist lang gestielt, die Seitenschuppen gross, rundlich, zurückgebogen. Innenseite behaart, Frucht verkehrt eiförmig, 2 mm lang, Flügel 2—3 mal so breit wie der Same, gegen die 2 Narben weit hinaufreichend.

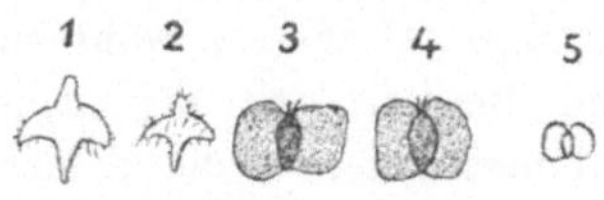

Fig. 40. **Betula verrucosa.**
1. Schuppe von Aussen.
2. von Innen.
3. und 4. Früchtchen vergrössert.
5. in ⁹/₁₀ nat. Gr.

Bei den Birken stehen 3 Früchte auf der Schuppe, bei den Erlen 2, der Fruchtknoten enthält 2 Fächer mit je 1 Samen, von denen je die einen abortiren; die Fruchtknotenwand bildet den Flügel der Frucht.

Im Saatgut befinden sich stets viele Schuppen, da das ganze Zäpfchen zerfällt.

Samenjahre: Alle Jahre, Keimdauer: $\frac{1}{2}$ Jahr, Samenreife: Juni—September, Samenabfall: mit den Schuppen Juli—November, Samenruhe: 2—4 Wochen.

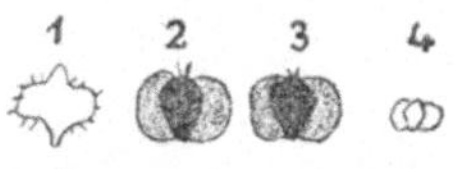

Fig. 41. **Betula pubescens.**
1. Schuppe von aussen.
2. und 3. Früchtchen vergrössert.
4. in ⁹/₁₀ nat. Gr.

Betula pubescens (alba), Haarbirke (Betulaceae).

Deckschuppe kurz und breit gestielt, Seitenschuppen eckig, Innenfläche haarig. Frucht bis 2 mm lang, verkehrt eiförmig, eckig, Flügel nur ein bis $1\frac{1}{2}$ mal so breit wie das Samenkorn, gegen die Narbe nicht verlängert.

Betula lenta, Hainbuchenblätterige Birke (Betulaceae).

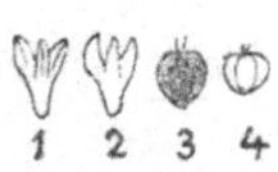

Fig. 42.
Betula lenta.
1. und 2. Schuppen.
3. und 4. Früchtchen.

Fruchtschuppe langgestreckt, die 3 Deckschuppen an der Basis in einen langen Stiel verwachsen, nach vorn aber getrennt, einander fast parallel laufend, unbehaart, ca. 6 mm lang. Flügelfrucht 4 mm lang, mit deutlichem gegen die Basis sich verschmälernden Flügel von rundem Rande.

Die nordamerikanische Birke ist vielfach in Deutschland cultivirt. Einzelne Samen laufen bis zum fünften Jahre.

Corylus Avellana, Haselnuss (Corylaceae).

Die Früchte (Nüsse) sind bis an die unbedeckte Spitze von den zu einer nach vorn zerschlitzten Röhre verwachsenen Vorblättern umgeben. Der Fruchtknoten verwächst glatt mit dem Perigon. Die Nuss ist länglich oder breit, hat deutliche Spitze und breite runde, helle Basis; die Schale ist hart, holzig. Sie ist hellbraun glänzend. Die Nuss (Fruchtknoten) enthält 2 Samenknospen, von denen meist die eine zu Grunde geht, sonst bilden sich die sog. Vielliebchen.

Samenjahre: fallen oft aus, weil häufig die männlichen Blüthen im Januar und Februar schon verstäubt haben, bevor die weiblichen im März erblühten. Keimdauer: bis Frühjahr. Samenreife: Sept.—Oct., Samenabfall: alsbald, Samenruhe: bis Frühjahr, bei Frühjahrssaat liegt der Same 1 Jahr über.

Carpinus Betulus, Hainbuche, Weissbuche (Corylaceae).

Fig. 43.
Carpinus Betulus.
Frucht vom Perigon eingeschlossen.

Die Samen sind verwachsen mit dem Perigon und sitzen dem 3 lappigen Deckblatte auf. Die vom Vorblatte befreiten Früchte kommen zur Saat, sie stellen glatte, einsamige, 5—9 mm lange Nüsschen vor, mit Längsfurchen und sind von grosser Härte. An der Spitze sind die Perigonzipfel als Krönchen sichtbar. Die anfangs grünen Früchte werden braun.

Samenjahre: fast jedes Jahr, Keimdauer: bis Frühjahr, Samenreife: October, Samenabfall: der ganzen Kätzchen Herbst oder Frühjahr, Samenruhe: theilweise bis Frühjahr oder bei Frühjahrssaat bis nächstes Frühjahr (Ueberliegen).

Ostrya carpinifolia, Hopfenbuche (Corylaceae).

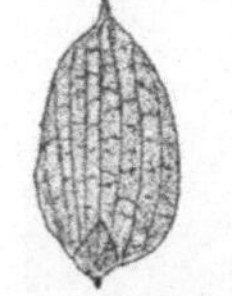

Fig. 44.
Ostrya carpinifolia.
9/10 nat. Gr.
1. Frucht im Deckblatt eingeschlossen.
2. Frucht im Perigon eingeschlossen, ohne den Schlauch der Deckblätter.

Die Frucht ist von dem schlauchförmigen, zugespitzten, gelben, netzadrigen Vorblatte eingeschlossen, hellbraun, eiförmig; 5 mm lang, glänzend braun, mit dem glatten Perigon fest verwachsen. Perigonrand zart, faserig.

Samenreife: Anfang Juli, Samenabfall: vor September.

Eine südliche Holzart, die in Deutschland fehlt, nördlich bis Bozen geht.

Quercus pedunculata, Stieleiche (Cupuliferae).

Die Eichenfrucht sitzt in dem Napf der Cupula, welche von einer Praktee und den Vorblättern gebildet wird.

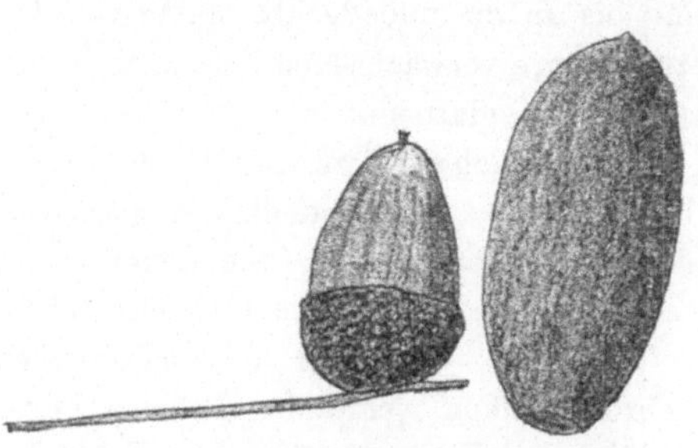

Fig. 45. Quercus pedunculata. $^9/_{10}$ nat. Gr.
Junge Frucht mit Cupula und alte Frucht.

Die Eichel stellt den mit dem Perigon verwachsenen, unterständigen Fruchtknoten dar. Von den 3 Narben und dem gezähnten Perigonsaum ist später nur noch eine Spitze zu sehen.

Die Fruchtknotenwand wird braun, glänzend, holzig, hart. Der 3 fächerige, in jedem Fache 2 Ovula tragende Fruchtknoten entwickelt meist nur einen Samen, dessen grosse Cotyledonen in demselben zu finden sind. (Zuweilen entwickeln jedoch Eicheln bis zu allen 6 Ovula zu Samen und zu jungen Pflanzen.)

Die Eichel ist schmal, länglich, glatt, frisch mit grünlichen Längsstreifen versehen, Spitze matt.

S a m e n j a h r e : ca. alle 7 Jahre. K e i m d a u e r : bis Frühjahr. S a m e n r e i f e : Sept.—Oct. S a m e n a b f a l l : aus der Cupula, October. S a m e n r u h e : im Frühjahr 4—6 Wochen, sonst bis Frühjahr.

Quercus sessiliflora, Traubeneiche (Cupuliferae).

Eicheln meist kürzer, rundlicher, ohne Streifen und meist mit dickerem, kürzerem Spitzchen versehen, doch schwer von Q. ped. zu unterscheiden.

Quercus Cerris, Zerreiche (Cupuliferae).

Die F r ü c h t e sind braun, glänzend, länglich, nach vorn verschmälert, kahl bis auf die filzige Spitze, an der Fläche aber uneben anzufühlen, bis 4 cm lang und 2 cm dick.

Die Cupula trägt lange, zottige, steife, sparrig abstehende Schuppen und ist nur halb oder $^1/_3$ mal so hoch wie die Eichel.

Diese südliche Eiche reift ihre Früchte erst im 2. Jahre und zwar im October. Dieselben fallen alsbald ab.

Fig. 46. Quercus Cerris.
$^9/_{10}$ nat. Gr.

Keimdauer: bis zum Frühjahr. Samenreife: 2jährig. Ist in Deutschland nicht anzubauen!

Quercus rubra, Rotheiche (Cupuliferae).

Früchte kugelig mit breiter, gerade abgestutzter Basis, rothbraun, glänzend, ca. 1½ cm hoch, mit Längsstreifen, anfangs flaumig behaart, dann glatt; Cupula ein ganz flaches, glattschuppiges, festes Näpfchen mit kurzem, dickem Stiele darstellend.

Fig. 47. Quercus rubra.
⁹/₁₀ nat. Gr.

Samenreife: 2jährig.

Ein im Anbauplan aufgenommener und im Walde bereits erwachsener amerikanischer Baum erster Grösse.

Quercus palustris, Sumpfeiche.

Früchte kugelig, bedeutend kleiner wie die vorigen, breiter als hoch, bis 15 mm hoch und 20 mm breit mit kurzer Spitze.

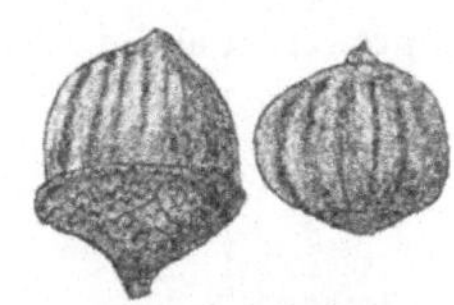

Fig. 48. Quercus palustris.
⁹/₁₀ nat. Gr.

Samenreife: 2jährig.

Auf nassen Orten in Deutschland vielfach cultivirt.

Fagus silvatica, Rothbuche (Cupuliferae).

Die Buchenfrucht, Buchel, Buchecker ist aus dem Fruchtknoten entstanden, dessen Wandung mit dem Perigone glatt verwachsen ist, so dass nur noch ein Büschel der feinen Perigonzipfel an seiner Spitze, an der Basis der 3 langen Narben zu finden ist. Die Buchel ist 3kantig, glatt, glänzend, die Kanten sind scharf und fast flügelartig vorstehende Flächen. Die Basis stellt eine matte, 3eckige Fläche dar. Die Buchel ist ca. 25 mm lang. In der Buchel befindet sich meist nur ein Same, da die 3 Fächer des Fruchtknotens mit je 2 Ovula bis auf ein solches abortiren.

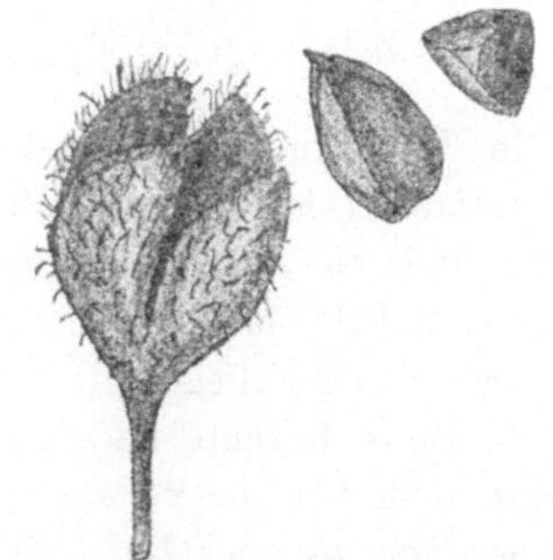

Fig. 49. Fagus silvatica. ⁹/₁₀ nat. Gr.
1. Cupula.
2. Frucht von der Seite.
3. Frucht (Buchecker) von unten.

Die Früchte stehen zu 2en (selten 3) (wie schon anfangs die 2 Blüthen) in der Cupula; diese wird von den vielen verwachsenen Deckblättern des weiblichen Blüthenstandes gebildet. Sie springt 4 klappig auf und ist nach Aussen mit weichbleibenden Stacheln besetzt.

Samenjahre: Sprengmasten und Vollmasten erfolgen je nach der Gegend verschieden, oft in 3—4—10 Jahren. Keimdauer: bis Frühjahr. Samenreife: October. Samenabfall: Oct.—Nov., seltener noch während des Winters. Samenruhe: bis Frühjahr, bei Frühjahrssaat im Sommer (event. auch Ueberliegen).

Castanea vulgaris, Edelkastanie (Cupuliferae).

Die Kastanienfrucht ist meist einsamig, besitzt eine braune, glänzende, lederige Schale, sie zeigt einen meist ovalen, ca. 2 bis $2^1/_2$ cm langen, matten Basaltheil, mit kurzen weissen Haaren begrenzt, und ein weissbehaartes Spitzchen mit den Perigonzipfeln.

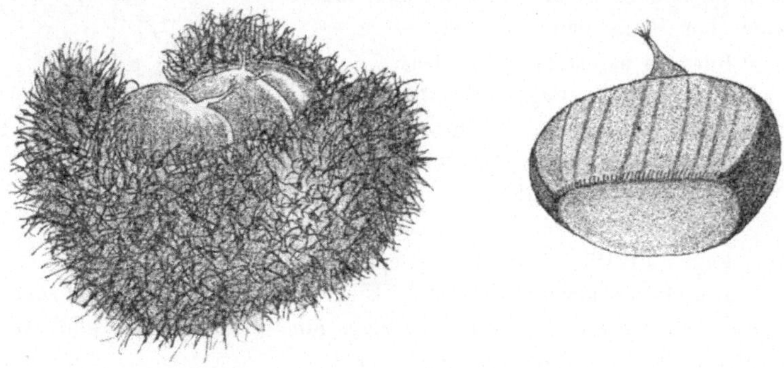

Fig. 50. **Castanea vulgaris.** $^9/_{10}$ nat. Gr.
1. Cupula mit 3 Früchten.   2. Frucht (Marone).

Die Fruchtknotenschale ist glatt mit dem Perigon verwachsen. Die Kastanie (Marone) ist eiförmig, auf beiden Seiten oder doch auf der inneren platt, nach aussen abgerundet, $2—3^1/_2$ cm lang. Die Samenschale ist spröde, zerbrechlich, filzig, den Windungen des Samens eng anliegend.

Diese Früchte bilden sich aus dem Fruchtknoten, dessen Wand mit dem Perigon verwachsen ist, die 5—9 Zipfel desselben stehen oben ab; auf der Innenfläche des Perigons finden sich zur Blüthezeit rudimentäre, sterile Staubgefässe. Aus dem Perigonrande schauen die 5—9 fadenförmigen Narben hervor.

Der Fruchtknoten hat 5—9 Fächer und 12—14 Ovula; von diesen abortiren meist alle bis auf 1 Ei in einem Fache, welches sich zu einer Marone entwickelt.

Von den 3—5 weibl. Blüthen entwickeln sich nur bis (meist) 3. Diese 3 Kastanien sind von der Cupula eingeschlossen und fallen zur Reifezeit aus, wenn sich letztere in 4 Klappen öffnet. Die aus den verwachsenen Vorblättern gebildete Cupula ist mit anfangs weichen, grünen, später braunen und scharfspitzigen Stacheln dicht besetzt.

Samenjahre: 2—3 Jahre. Keimdauer: bis Frühjahr. Samenreife: einjährig, im October. Samenabfall: October. Samenruhe: 5—6 Wochen im Frühjahr.

Diese südliche Holzart geht nördlich bis Bozen und wird in den warmen Rheinlanden, Pfalz etc. cultivirt der Früchte wie des Holzes wegen. Sie gedeiht weit nördlicher als ihre Früchte reifen. Die zahme Kastanie wird, wie andere Obstarten, in Cultursorten gezüchtet und veredelt.

Castanea americana.

Die Früchte sind nur ca. $1^1/_2$ cm hoch, mit sehr verlängerter, weisshaariger, die Perigonzipfel tragender, schnabelförmiger Spitze. Dieser Nordamerikaner hat für Deutschland kaum eine Bedeutung.

Fig. 51.
Castanea americana.
$^9/_{10}$ nat. Gr.

Juglans regia, Wallnuss (Juglandeae).

Die Steinfrucht ist aus den Fruchtknoten entstanden; die Fruchtknotenwand (Pericarpium) hat sich verschieden ausgebildet, die äusseren Schichten: Epicarp und Mesocarp, sind fleischig, die innerste, Endocarp, aber hart (sklerenchymatisch) geworden. Die äussere, grüne, drüsig punktirte, aromatisch riechende, glatte Schale zerreisst unregelmässig, die Nuss fällt heraus. Diese besteht also aus der harten Endocarpwand des Fruchtknotens und umschliesst den einzigen Samen mit seinen 2 grossen, eigenthümlich gewundenen, geniessbaren, ölreichen Cotyledonen. Die Nuss ist 2—5 cm lang, sie besitzt 4 dünne, schwache Scheidewände im Innern. Sie ist länglichrund, mit deutlicher Spitze, dem Längswulst entlang 2theilig und hier leicht halbirbar, gelbbraun und schwach gefurcht. Nach Cultursorten verschieden gross. Die Aussenschale lässt an der Spitze die 2lappige Narbe erkennen, sie ist mit dem Perigon und den Vorblättern unkenntlich verwachsen.

Samenjahre: 2—3 Jahre. Keimdauer: bis Frühling. Samenreife: September. Samenabfall: September. Samenruhe: bis Frühjahr.

Diese südeuropäische Holzart wird in Deutschland überall der

Früchte wie des Holzes wegen cultivirt, gedeiht besonders in den wärmeren Obstgegenden. Mehr in Parks und Obstgärten wie im Walde.

Juglans nigra, Schwarze Wallnuss (Juglandeae).

Die Früchte von mehr Apfelsinenform haben ca. 6 cm im Durchmesser. Die Aussenschicht ist anfangs grün, dann braunschwarz, dick, von aromatischem Geruch, sie ist fest mit dem Endocarp verwachsen und schwer von ihm zu trennen. Dieses ist ganz schwarz und tieflängsrissig, sehr dick, die Cotyledonen darin sehr klein, kaum geniessbar. Die Nuss ist kugelig, 33—35 mm im Durchmesser und besitzt 4 dicke Scheidewände.

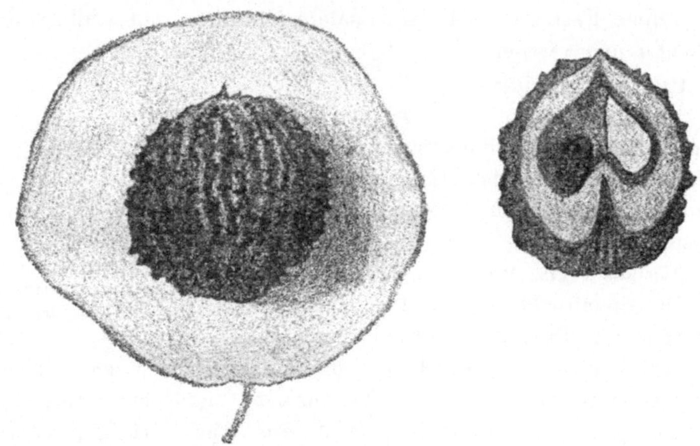

Fig. 52. Juglans nigra. $^9/_{10}$ nat. Gr.

1. Frucht, Epi- und Mesocarp durchschnitten, so dass die Nuss mit Endocarp hervortritt.
2. Die halbe Nuss mit einem Cotyledonenstück rechts und leerem Fache links.

Reift und fällt ab im October, Keimdauer: $^1/_2$—1 Jahr. Trägt jährlich Samen.

Diese Holzart aus Nordamerika wird des Holzes wegen als Waldbaum (auch vielfach in Parks) cultivirt.

Juglans cinerea, Graue Wallnuss (Juglandeae).

Die Frucht ist langgestreckt mit deutlich langer Spitze und 2—4 Längswulsten, 55—60 mm lang, die weiche Aussenschicht wird fast schwarz, drüsig, filzig. Die Nuss ist 40—45 mm lang.

Das Endocarp ist ganz schwarz mit vielen tiefen Längsfurchen und scharfschneidigen und zackigen Längsleisten. Im Innern befinden sich 2 Scheidewände, das Endocarp ist sehr dick und hart, die Cotyledonen darin klein, daher wenig zum Essen geeignet.

Dieser Nordamerikaner ist vielfach in Deutschland angebaut. Er gedeiht vorzüglich in milden Lagen und fruchtbaren, tiefgründigen Böden, wo besonders sein Standort ist. Sein Holz ist J. nigra gegenüber, die sehr werthvolles Holz besitzt, nur leicht und weich, weshalb er nicht als Waldbaum zu empfehlen ist.

Fig. 53. **Juglans cinerea.** $^9/_{10}$ nat. Gr.

1. Frucht, nur mit Endocarp.
2. Frucht mit dem ganzen Pericarp (Meso-, Epi- und Endocarp).

Carya porcina, Schweinshikory (Juglandeae).

Die kleine, 2—3 cm hohe Frucht ist meist rundlich, die Schale ist kahl, anfangs grün, trocken braun, 1—2 mm dick, sie zeigt 4 Längsleisten, welche nur bis zur halben Fruchtlänge herablaufen. Die rundliche Nuss ist grau, glatt, mit langgestielter Narbe und mit schwachen Längsfurchen, hartschalig und mit schwachen Längsleisten versehen, die Schale ist sehr dick, daher der Kern nur klein. Sie wird an Schweine verfüttert.

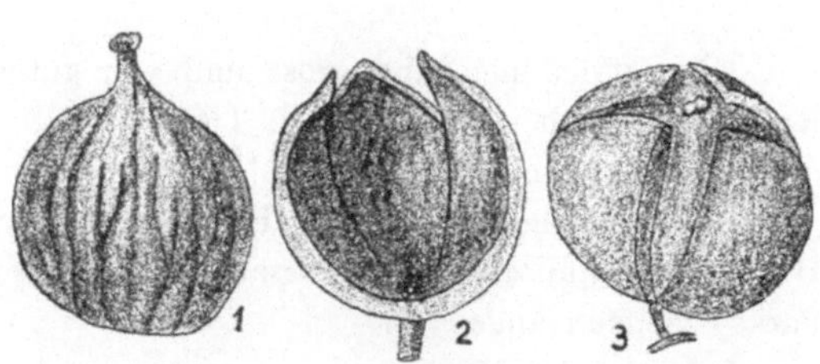

Fig. 54. **Carya porcina.** $^9/_{10}$ nat. Gr.

1. Nuss mit Endocarpschale und Narbe.
2. Saftschichte (Epi- und Mesocarp).
3. Frucht vollständig. Saftschichte 4 klappig aufgesprungen.

Aus Nordamerika; an milden, frischen bis nassen Standorten im Walde anzubauen.

Carya alba, Weisse Hikorynuss.

Die kahle, glatte, weiche, sprödwerdende Aussenschicht ist von dunkelgrüner, später braunwerdender Farbe, sie springt der Länge nach in 4 Klappen auf (entsprechend den 4 Längsfurchen). Die Frucht ist wie die Nuss länglich rund.

Das Endocarp ist gelblich, hart, glatt, mit deutlichen 4 Haupt- und 2 Nebenkanten. Sie ist 1 bis $2^1/_2$ cm lang. Sie trägt an der Spitze noch die kurzgestielte Narbe.

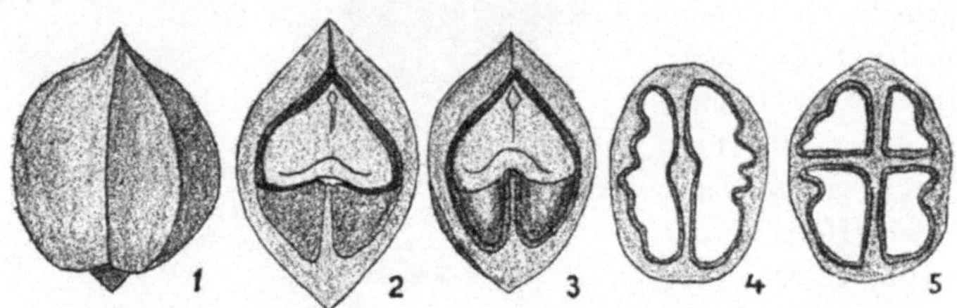

Fig. 55. **Carya alba.** $^9/_{10}$ nat Gr.

1. Nuss ohne Saftschichte.
2. Im Längsschnitt halbirt, mit Querwand.
3. Ohne Querwand, Embryo und Cotyledonen zeigend.
4. Querschnitt durch den oberen Nusstheil.
5. Querschnitt durch den unteren, die Cotyledonenlappen durch Querwände separirenden Theil.

Die Cotyledonen sind gross und von gutem Geschmack; bei der Keimung zerfällt die Nuss in 2 Theile.

Reife: October, Abfall: alsbald.

Diese nordamerikanische Holzart ist wegen ihres vorzüglichen Holzes an Standorten der Nussarten in deutschen Waldungen (und Parks) vielfach angebaut.

Carya amara, Bitternuss.

Diese Carya ist von C. porcina wenig verschieden, etwas grösser, ziemlich dünnschalig. Die Cotyledonen sind wegen des bitteren Geschmackes nicht essbar; die saftige, grüne Fruchtschale zeigt in der Regel 4—6 Längsleisten bis zur halben Nusshöhe nach abwärts. Die Samenhaut ist wie bei anderen, z. B. porcina, carminroth.

Auch dieser Nordamerikaner ist zum Anbau empfohlen und angebaut, wenn auch seine Holzqualität denen von C. alba, porcina tomentosa nachstehen soll.

Carya sulcata, Grossfrüchtige Hikory.

Frucht 50—60 mm lang, länglich, weich behaart und sehr dickschalig. Die Nuss zeigt 4 Längsleisten und zahlreiche Längsfurchen, sie ist meist etwas flach, 40—45 mm lang, zugespitzt.

Dieser Nordamerikaner ist in den Anbauplan aufgenommen. Die Samen liegen über.

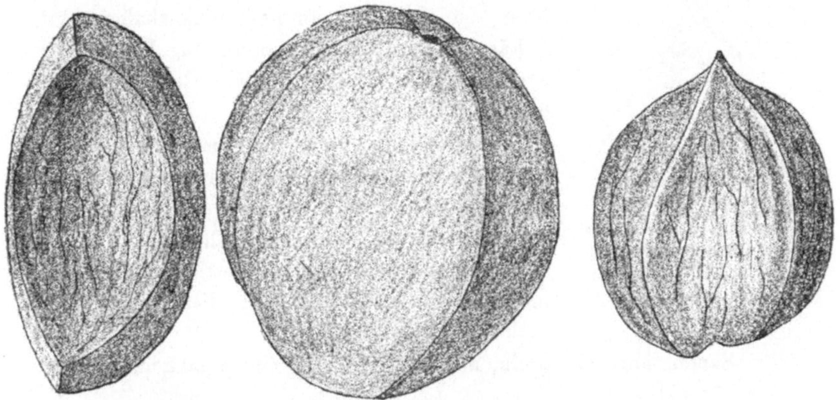

Fig. 56. Carya sulcata.

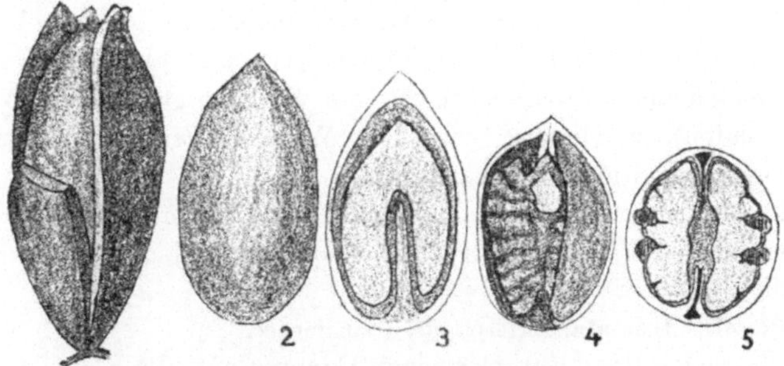

Fig. 57. Carya olivaeformis.

1 Nuss mit dem ganzen Pericarp, in 4 Klappen aufspringend, eine Klappe abgebrochen.

2. Nuss mit Endocarpschale.

3. Im Längsschnitt.

4. Längsschnitt senkrecht zu dem vorigen, die Querwand, welche die Nuss fast ganz in 2 Theile trennt, rechts belassend.

5. Querschnitt.

Carya olivaeformis, Pekannuss.

Früchte länglich, 30—35 mm lang, dünnschalig; Nüsse ca. 30 mm lang, schmal, eichelähnlich, kurzgespitzt, braun mit dunkeln, verwischbaren Längsstrichen.

4*

In Amerika nur der guten Nüsse, nicht des Holzes wegen geschätzt.

Carya tomentosa, Filzige Hikorynuss, Spottnuss.

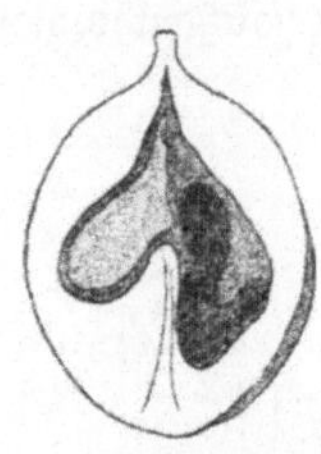

Fig. 58.

Carya tomentosa.

Durchschnitt durch das dicke Endocarp, links ein Cotyledonenstück, rechts eine leere Höhlung.

Die Frucht zeigt verschiedene Form, ist meist eiförmig mit dicker, rauher Schale (die jedoch nicht so dick ist wie bei alba). Die Nuss ist kugelig, braun, dickschalig, mit 4 Längsleisten. Der Kern ist nur klein. Sie ist äusserlich C. alba ähnlich, hat aber viel dickeres Endocarp.

Aus Nordamerika an Standorten der vorigen im Walde zu cultiviren. (Saat im Walde wegen der Pfahlwurzel gerathen).

Salix Caprea, Sahlweide (Salicineae).

Samenkapseln lang, lancettlich, graufilzig, in 2 Klappen aufspringend; diese rollen sich rückwärts zusammen.

Samen nur sehr klein, an der Basis mit einem langen, weissen Haarbüschel.

Samenjahre: alljährlich, Samenreife: Mai—Juni, Samenabfall: sogleich. Keimdauer meist nur einige Tage (doch selbst bis zu 85 Tagen beobachtet, wenigstens bei spätblühenden Weiden. Gletscherweiden dürften vielleicht die Keimfähigkeit über Winter sich erhalten). Keimung: nach 2—3 Wochen. Ein Strauch, der als sog. forstliches Unkraut bekannt ist.

In der Samenbildung ganz ähnlich sind die übrigen wildwachsenden und die Culturweiden. Die Weiden und Pappeln werden künstlich durch Stecklinge vermehrt.

Populus tremula, Zitterpappel (Salicineae).

Die langgestielte Kapsel springt 2 klappig auf, die Klappen rollen sich zurück, die Kapsel ist bräunlich.

Samen sehr klein, mit Haarschopf.

Samenjahre: Alle Jahre. Samenreife: Mai, Juni. Samenabfall und Ende der Keimdauer alsbald. Keimung: nach 8 bis 14 Tagen.

Baum, der vielfach ein forstliches Unkraut darstellt.

Die Samen der übrigen Pappeln (alba, nigra, canadensis, balsamifera) sind diesen sehr ähnlich.

Im Anbauplan sind Populus serotina, die späte canadische

Pappel und **Populus monilifera**, die gemeine canadische Pappel aufgenommen.

Morus alba, Maulbeerbaum (Moreae)
bildet Scheinfrüchte. Diese entstehen dadurch, dass der ganze weibliche Blüthenstand zur Maulbeere wird. Derselbe stellt ein kugeliges Köpfchen dar. Die Perigone der Einzelblüthen verwachsen mit einander. Die Einzelblüthe besteht aus einem einfächerigen, einsamigen Fruchtknoten, der einen kurzen Griffel mit 2 Narben trägt und von dem 4—(5)blätterigen Perigon umgeben ist.

Die Maulbeere ist $1\frac{1}{2}$ cm lang, kugelig, reif weiss (selten röthlich), sehr süss aber fade, der Same reift im Juli und keimt nach 3—4 Wochen. Er ist klein, $2—2\frac{1}{2}$ mm lang, tropfenförmig, eckig, braun, leicht mit dem Finger zu zerdrücken.

Der Maulbeerbaum stammt aus Asien, wird in Italien etc. cultivirt, gedeiht in Deutschland in milden Gegenden. Sein Laub dient als Futter der Seidenraupe.

Morus nigra.
In Südeuropa der wohlschmeckenden, schwarzen Früchte wegen cultivirt; die behaarten Blätter sind für Raupen wenig geeignet.

Ulmus (Ulmaceae).

Die einfächerige, einsamige Frucht hat sich aus dem kurzgestielten, platten Fruchtknoten, der in 2 Narben ausläuft, entwickelt.

Die Frucht zeigt noch die Perigonzipfel an der Basis (des oberständigen Fruchtknotens). Der Fruchtknoten und somit die Frucht ist einfächerig und einsamig; die Staubfäden sind aus dem Perigon der Zwitterblüthen herausgefallen. Der Rand des Fruchtknotens wächst aus zu einem grünlichen, breiten, zarten, kreisförmigen, fein geaderten Flügel, der an

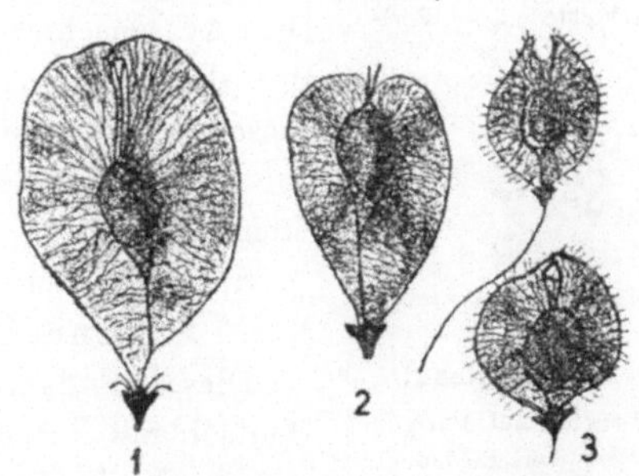

Fig. 59. **Ulmus.** $\frac{9}{10}$ nat. Gr.
1. Ulmus montana. 2. Ulmus campestris.
3. Ulmus effusa.

der Spitze einen freien Ausschnitt hat, an dem zuweilen noch die 2 Narben sichtbar sind.

Samenjahre: fast jährlich. Keimdauer: gering, bis Frühjahr. Samenreife: Ende Mai—Juni. Samenabfall: sofort. Samenruhe: 3—4 Wochen, theilweise bis Frühjahr bei sofortiger Saat.

Ulmus glabra, Glatte Ulme (= suberosa).

Früchte sitzend, gelblich, kahl, verkehrt eiförmig, so gross wie ein Zehnpfennigstück. Fruchtkorn nahe dem Narbeneinschnitt, also excentrisch im Flügel.

Ulmus montana (= campestris), Berg-Ulme, Feld-Ulme.

Früchte sitzend, kahl, graugrün, so gross wie 1 Markstück, Fruchtkorn in der Mitte des Flügels.

Ulmus effusa, Flatterrüster.

Früchte so gross wie ein Fünfpfennigstück, ringsum lang bewimpert und langgestielt.

Celtis australis, Gemeiner Zürgelbaum (Ulmaceae).

Die Steinfrucht entwickelt sich aus dem oberständigen, einfächerigen, einsamigen Fruchtknoten, der zwei dicke, filzig behaarte weisse Narben sitzend trägt. Das 5blätterige Perigon und die 5 Staubfäden der Zwitterblüthen (es giebt auch eingeschlechtige) fallen ab. (Fig. 60.)

Die Steinfrucht ist eiförmig, bis 10 mm gross, reif schwarzbraun, die Aussenschichte des Fruchtknotens ist fleischig, die Innenschichte steinhart mit Längsleisten und netzig-grubiger Oberfläche. Die Aussenschichte schmeckt schlecht, süsslich. Bei der trockenen Frucht löst sich leicht die äusserste Schichte als braune Haut von dem mit der weichen fleischigen Masse fest umgebenen Steinkerne ab.

Samenreife: Juli—August. Abfall: Oct.—Nov. Samenruhe: bis Frühling.

Dieser Südeuropäer geht bis Bozen, wird in Deutschland meist strauchig. Man cultivirt ihn seines Werkholzes (Peitschenstecken besonders) wegen.

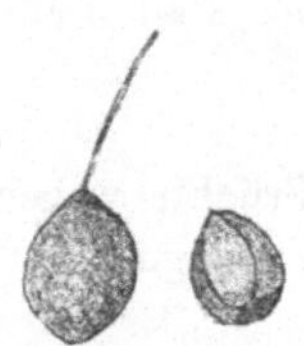

Fig. 60.
Celtis australis.
$^9/_{10}$ nat. Gr.
Steinfrucht mit und ohne saftige Aussenschichte des Pericarps.

Fig. 61.
Zelcova Keaki.
Früchte mit Perigon von verschiedenen Seiten.

Zelcova Keaki. (Nach Luerssen a. a. O.)

Aus einem einfächerigen Fruchtknoten mit einer Samenknospe entwickeln sich die bräunlichen, $3^1/_2$—4 mm dicken Früchtchen als Nüsschen von eigenthümlicher Gestalt und Zeichnung: aus gestutzter und vom bleibenden vertrockneten Perigon gestützter Basis unregelmässig schief-, kugelig-, eiförmig- oder fast stumpfkantig-tetraëdrisch, auf dem Rücken schwach stumpfnervig, auf der Bauchseite kräftig stumpfnervig gekielt und hier jederseits vom Kiele mehr oder weniger stark eingedrückt und unter der übergebogenen Spitze im Kiele mit einem meist deutlich und ziemlich kräftig zweispitzigen, bisweilen fast lochartigen Ausschnitte versehen, die kahle oder nur sehr vereinzelte Härchen tragende Oberfläche von den beiden Kielnerven aus quer- und nach den Seiten zu netznervig gerunzelt.

Der einzige, breite, zusammengedrückte und concav-convexe Same besitzt eine kastanienbraune gerunzelte Testa und kein Endosperm. Der Embryo hat die Gestalt des Samens, ein kurzes Würzelchen und 2 nicht ganz gleich grosse, flach aneinanderliegende runzelige, am Grunde ausgeschnittene und am Scheitel leicht ausgerandete Cotyledonen. Dieser Japaner ist im Anbauplan aufgenommen.

Zelcova crenata

aus den Kaukasus-Ländern ist in ihren Früchten der oben besprochenen durchaus ähnlich.

Platanus (Plataneae).

Die Scheinfrucht bildet sich aus dem weiblichen Blüthenkätzchen an kugeliger Spindel. Ueber je einer kurzen fleischigen, später verholzenden Deckschuppe sitzt ein Fruchtknoten mit 2 Stempeln, welche in eine fadenförmige, gebogene Narbe auslaufen.

Die Frucht stellt ein längliches, keilförmiges, gelbbraunes Nüsschen dar, gebildet aus dem einfächerigen, einsamigen Fruchtknoten; an der Basis sitzt ähnlich wie bei den Weiden ein Haarbüschel als Flugorgan.

Fig. 62.
Platanus.
$^{9}/_{10}$ nat. Gr.
Frucht mit
Haarbüschel.

Samenreife: Oct.—Nov. Samenabfall: Februar—März.
Samenruhe: Frühj. 3—4 Wochen.

Platanus occidentalis aus Nord-Amerika, **Platanus orientalis** aus Süd-Europa und Asien sind mehr Park- und Allee-Bäume wie Waldpflanzen.

Liriodendron tulipifera, Tulpenbaum (Magnoliaceae).

Fig. 63.
Liriodendron
tulipifera.
$^9/_{10}$ nat. Gr.

Die Flügelfrüchte sitzen ziegelartig über einander, einen förmlichen Zapfen bildend.

Die einzelnen Früchte sind 1—2samig und durch einen 35 bis 40 mm langen Flügel ausgezeichnet. Die geflügelte Frucht ist eigenthümlich ankerförmig, der Flügel ist zungenförmig mit starkem Mittelnerv und einigen derben parallelen Längsnerven, an der Spitze ist er abgerundet, auf der Aussenseite ist er in Längsreihen höckerig punktirt. Die Farbe der Frucht ist gelbbraun.

Dieser nordamerikanische, schöne Parkbaum gedeiht überall in Deutschland und wird in den milderen Lagen zu stattlichen Alleebäumen.

Berberis vulgaris, Sauerdorn (Berberideae).

Fig. 64.
Berberis vulgaris.
$^9/_{10}$ nat. Gr.
Links 2 Beeren, rechts
2 Samen, der obere
vergrössert.

Aus dem einfächerigen, oberständigen Fruchtknoten entwickelt sich eine 2—3samige, ca. 10 mm lange und 5 mm breite, rothe, sauerschmeckende, geniessbare Beere mit ziemlich derber Schale. Die Beeren bleiben im Winter am Strauch hängen.

Die getrocknete Beere (Saatgut) zeigt die dunkelrothe Farbe, die Ansatzstelle des Stieles und einen derben schwarzen Ringwulst an der Spitze, dem Narbenrest. Die Samen sind braun, matt, schmal cylindrisch, an den Enden abgerundet, auf der einen Langseite (Innenseite) flach, 5—6 mm lang, $1^1/_2$—2 mm breit.

Ein kleiner Strauch an Feldrändern, im lichten Wald und Anlagen.

Tilia (Tiliaceae).

Die Früchte stellen einsamige (selten 2samige) Nüsschen dar, welche sich aus dem oberständigen, 5fächerigen (mit je 2 Ovula) Fruchtknoten entwickeln, der einen Griffel mit 5zähniger Narbe trägt.

Fächer und Samen abortiren bis auf je eines. Staubgefässe, die 5 Kelch- und 5 Kronenblätter sind abgefallen. Die Frucht stellt eine Kapsel dar, welche den mit dicker, brauner Haut umgebenen Samen einschliesst. Sie zeigt 4—5 Längsrippen.

Tilia grandifolia, Grossblätterige Linde.

Kapselschale hart und dick, 4—5 Längsrippen deutlich erhaben. Grosse, verkehrt eiförmige, durch den Griffelrest zugespitzte, ca. 10 mm lange Nüsse, die bei der Keimung 5 klappig aufspringen. Sie sind meist graufilzig. Same verkehrt eiförmig, braun.

Fig. 65. Tilia grandifolia.
$^9/_{10}$ nat. Gr.

Früchte von Aussen, im Längsschnitte mit Samen, und Same
allein.

Samenjahre: alljährlich. Samenreife: August bis Ende Sept. Samen-
abfall: Oct.—Nov. Samenruhe: (bei Frühlingssaat bis zum nächsten Früh-jahr). Keimdauer: bis 2. Frühjahr.

Tilia parvifolia, Kleinblätterige Linde.

Kapselschale dünn, leicht zerdrückbar, die 2—5 Längskanten sind nur schwach. Erbsengrosse, rundliche (ca. 8 mm lange), durch den Griffelrest deutlich zugespitzte Nüsschen. Ihre Farbe ist rostbraun; meist sind sie unsymmetrisch, schief, theils glatt, theils behaart. Same verkehrt eiförmig, braun.

Fig. 66.
Tilia parvifolia.
$^9/_{10}$ nat. Gr.

Frucht von Aussen
und im Längs-
schnitt mit Samen.

Samenjahre: alljährlich. Samenreife, Samenabfall, Samenruhe, Keimdauer wie bei T. grandifolia.

Tilia argentea, Silberlinde.

Die Frucht ist grösser wie bei den vorigen, sehr dickschalig und stark graufilzig, die 5 Kanten nicht stark ausgebildet.

Diese südosteuropäische und orientalische Linde findet sich wie die ähnliche Tilia alba aus Nordamerika häufig in unseren Park-anlagen und Alleen.

Tilia alba hat 5 samige Früchte, welche etwas warzig erscheinen und 5 deutliche Längskanten zeigen. Sie sind der Länge nach etwas zu-sammengedrückt.

Ptelea trifoliata, Lederblume (Rutaceae, Tere-binthinae).

Die Flügelfrüchte haben die Form der Ulmen-früchte; der Flügel ist aber derb lederig, dunkel grün, später bräunlich. Das Samenkorn sitzt in der Mitte, das Perigon haftet der Flügelfrucht

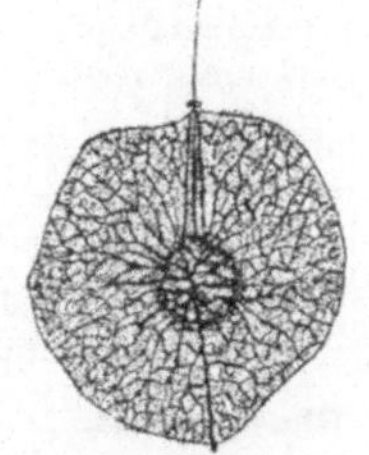

Fig. 67.
Ptelea trifoliata.
$^9/_{10}$ nat. Gr.

an der Basis noch an. Der Flügel ist von derben Nerven durchzogen, der Rand ist glatt, der Same linsenförmig.

Ein Grosstrauch bis Baum aus Nordamerika, der seit langem in unseren Anlagen sich findet, dessen Früchte von Laien mit Ulmenfrüchten leicht verwechselt werden.

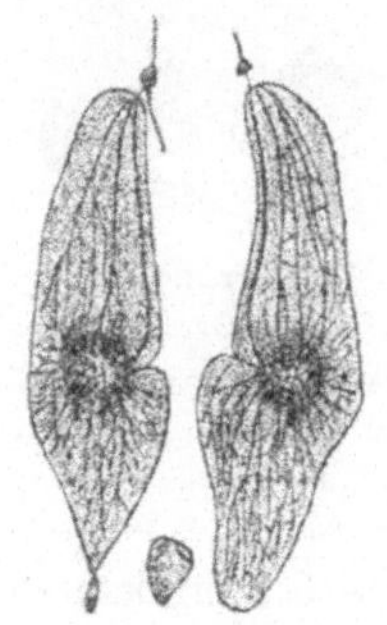

Fig. 68.
Ailanthus glandulosa.
9/10 nat. Gr.
In der Mitte Same.

Ailanthus glandulosa, Götterbaum (Simarubaceae, Terebinthinae).

Blüthen mit mehreren Fruchtknoten. Aus jedem einzelnen bildet sich eine einsamige, geflügelte Frucht. Diese ist ca. 35 mm lang, 10 mm breit, flach, gelbbraun, am oberen Ende abgerundet, am unteren spitzeren, unsymmetrisch angewachsen, in der Mitte einseitig gegen den hier liegenden Samen eingekerbt. Der Flügel ist häutig, netzaderig, die Samen flach, linsenförmig, 5 mm gross.

Dieser aus China und Japan stammende Baum gedeiht bes. in den milderen Lagen. Besonders üppig ist er in Südtirol, wo er wegen des Holzes und zur Bindung trockener Hänge durch seine Wurzelausschläge geschätzt wird. Er wird selbst in München ein stattlicher, frostharter Baum.

Fig. 69.
Rhus Cotinus.
9/10 nat. Gr.
Früchte mit Perigon, links vergrössert.

Fig. 70.
Rhus typhina.
9/10 nat. Gr.
1. Frucht mit rother, wolliger Hülle.
2. Frucht ohne dieselbe.
3. Same.

Rhus Sumach (Terebinthaceae).

Aus einem einfächerigen, mit 3 Griffeln versehenen Fruchtknoten entwickelt sich eine kleine Steinfrucht mit einem Samen.

Rhus Cotinus, Perrückenbaum.

Steinfrucht 4 mm lang, flach, braun, trocken, unsymmetrisch, verkehrt herzförmig. Mit deutlichen Längsnerven (entfernt ähnlich Carpinus), das 5 zipfelige Perigon ist an der Basis erhalten, ebenso Reste des langen Stielchens. Die Fruchtschale ist beinhart, Same ähnlich der Fruchtform.

Ein Strauch aus Südeuropa, im südlichen Walde wegen der gerbstoffreichen Blätter geschätzt und in Anlagen cultivirt.

Rhus typhina, Kolben-Sumach.

Steinfrüchte 5 mm lang, flach, kugelig, mit dichtem, rothem Filz bedeckt, welcher sich abreiben lässt; Fruchtschale zart, Same liegend, oval mit Nabelfleck, ca. 4 mm lang und 2 mm hoch.

Aus Nordamerika, in Anlagen cultivirt als Strauch bis kleiner Baum.

Aesculus Hippocastanum, Rosskastanie (Aesculinae).

Die bekannten kugelförmigen oder seitlich plattgedrückten, unbespitzten Samen sind glänzend braun mit breitem, kreisförmigem, flachem, grauweissem Nabelflecke und lederiger Schale. Sie sind innen weiss, stärkereich und zeigen schon äusserlich und besser nach Entfernung der Samenschale den Keim (wenigstens die Radicula).

Diese Samen sitzen zu 1—3 in einer Kapsel, welche 3 Längsnähten entsprechend zur Reifezeit in 3 Klappen aufspringt. Die Fächer der Kapsel sind durch zarte, fleischige, weisse Scheidewände getrennt. Die Kapsel hat dicke, fleischige Aussenwand mit grossen, grünen, weichen Stacheln.

Die Samen dienen zur Spiritusfabrikation, Wildäsung und zu Fischfutter.

Samenjahre: jährlich. Samenreife und Samenabfall: Sept.—Oct. Samenruhe: bis Frühling.

Aus Griechenland stammend ist diese Holzart in Deutschland längst völlig eingebürgert.

Aesculus carnea, Rothe Rosskastanie, trägt kleine Kapseln und kleinere Samen, die ersteren sind glatt oder nur einseitig bestachelt, bräunlich.

Die **Pavia-Arten** haben ungestachelte, viel kleinere Kapseln wie die Rosskastanie (von ovaler Form) und auch kleinere Samen darin.

Acer (Acerineae).

Die Ahornarten bilden geflügelte Theilfrüchte; zur Saat kommt die einzelne, geschlossene, geflügelte, einsamige Hälfte der 2samigen Spaltfrucht.

Sie stellt also die Hälfte des früheren 2fächerigen Fruchtknotens dar. Der eine Same der beiden in jedem Fache angelegten abortirt meist. Der lange Griffel mit 2 Narben, die Staubfäden der oft zwitterigen Blüthen, die 5—4 Kelch- und ebenso viele Blumenblätter sind abgefallen. Die halbe Flügelfrucht trägt den Samen an der gerade abgestutzten (Theilstelle) Basis eingeschlossen, der Flügel ist lang, derb, mit dicken Rückennerven, von denen aus nach Innen viele Nerven sich verzweigen. An der Theilstelle hängt oft noch der fadenförmige Fruchtträger. Der Embryo ist schon im Samen grün gefärbt.

Acer pseudoplatanus, Bergahorn.

Die Innenränder der beiden Flügel laufen einander parallel. Der Same ist braun, rundlich dick, was an der Basis der Theilfrucht zu erkennen ist. Das Samenfach ist mit Silberhaaren ausgekleidet.

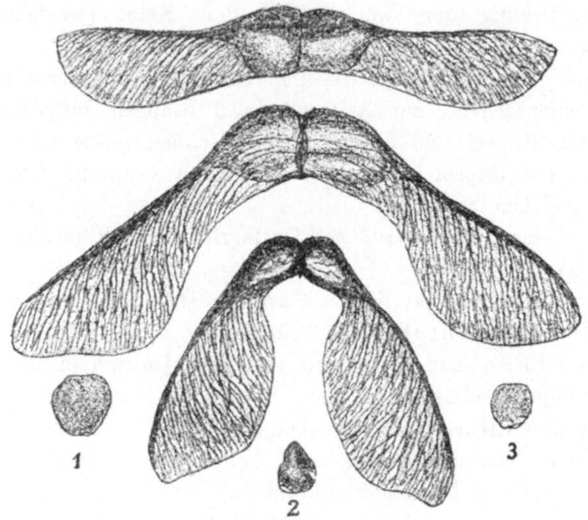

Fig. 71. **Acer.** $^9/_{10}$ nat. Gr.
Oben Acer campestre, in der Mitte Acer platanoïdes,
unten Acer pseudoplatanus.
Unten Samen: 1. Acer platanoïdes, 2. Acer pseudoplatanus,
3. Acer campestre.

Der Flügel ist, wie die ganze Frucht, kahl, braun, dicht über dem Samen stark verschmälert, er ist etwa 45 mm lang; der Aussenrand durch die von hier bogig nach Innen verlaufenden und sich erst dann allmählich verästelnden Nerven versteift. Der fadenförmige Fruchtträger an der Basis der Theilfrüchte abstehend.

Samenjahre: fast alljährlich. Samenreife: Sept.—Oct. Samenabfall: October bis Winter. Samenruhe: 5—6 Wochen, alte Samen liegen über. Keimdauer: $^1/_2$—$^3/_4$ Jahre.

Acer platanoides, Spitzahorn.

Der Innenrand der beiden Flügel läuft in stumpfem Winkel auseinander. Die Samen sind plattgedrückt, der Flügel zeigt kaum eine Verschmälerung über dem Samen (an der Basis fast herzförmig eingebogen); er ist ca. 55—60 mm lang, wie die ganze Frucht kahl, braun. Das Samenfach ist glatt, silberglänzend.

Samenjahre: fast alljährlich. Samenreife: Sept.—Oct. Samenabfall: October. Samenruhe: 5—6 Wochen (bei alten Samen Ueberliegen). Keimdauer: $^3/_4$ Jahre.

Acer campestre, Feldahorn, Massholder.

Innenrand der Flügel fast einen gestreckten Winkel bildend. Die Samen sind platt und nur die Flügel kleiner, wie bei den vorigen. Die Früchte sind oft filzig behaart, die eigentlichen Flügel sind stets kahl, die Frucht an der Basis aber oft filzig, braun. Das Samenfach ist glatt, silberglänzend, sehr hart und schwer aufzuschneiden.

Samenreife: Ende Aug.—Oct. Samenabfall: Oct.—Nov.

Acer saccharinum, Zuckerahorn.

Frucht stark kugelig gewölbt, Flügelränder nahezu parallel laufend; Basis der ganzen Frucht eine gerade Linie darstellend, die Flügel fast senkrecht hierauf gerichtet. Flügel allein ca. 20 mm lang und 8—10 mm breit, Theilfrucht ca. 30 mm lang, gestielt, dunkelbraun. Samenfach gelb, glänzend, ganz glatt. Same flach, rundlich, ca. 6 mm im Durchmesser.

Aus Nordamerika, als Waldbaum und Alleebaum empfohlen wegen des Syrups, den derselbe liefert.

Acer dasycarpum, Wollfrüchtiger, Weisser Ahorn.

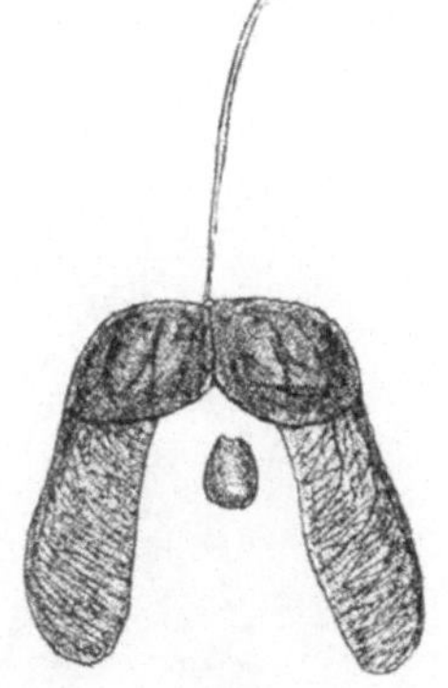

Fig. 72.
Acer saccharinum.
$^9/_{10}$ nat. Gr.
Same in der Mitte.

Die Frucht ist langgestreckt, stark gewölbt, die Nerven auf der Frucht und im Flügel äusserst derb und widerstandsfähig, die Flügelränder laufen in sehr spitzen Winkeln auseinander. Die Theilfrüchte sind hellbraun und stossen mit sehr kleiner Basis aneinander. Die Theilfrüchte mit stark versteifter Aussenkante sind ca. 60 mm lang, die Samen 10—12 mm, die Samenfächer sind gelb, glänzend, glatt.

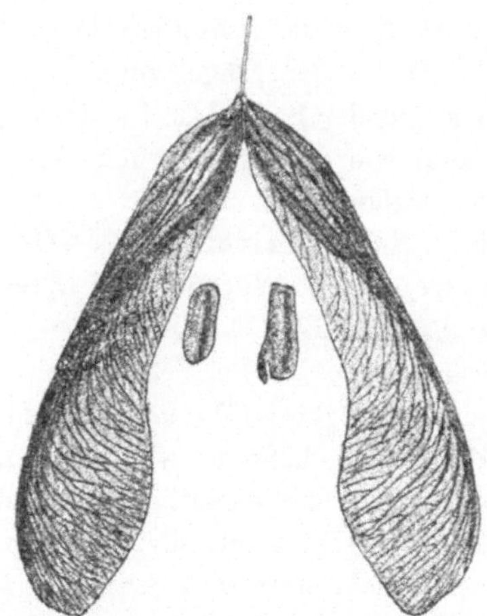

Fig. 73. **Acer dasycarpum.** $^4/_5$ nat. Gr.
Samen in der Mitte.

Fig. 74. **Acer Negundo.** $^9/_{10}$ nat. Gr.
Oben ein amerikanisches Exemplar nach
Herbarobjecten. Unten ein in Deutsch-
land gesammeltes. Links unten entflügelte
Frucht; rechts der Same.

Dieser Nordamerikaner ist vielfach als Park-, Allee- und Waldbaum angebaut, hat aber nicht viele Vorzüge vor den einheimischen Ahornen, besonders ist das Holz schlechter.

Negundo aceroides, Eschenahorn.

Flügelränder einander fast parallel, Früchte langgestreckt, schwach gewölbt, entflügelt, ca. 15 mm lang, Flügel (incl. Frucht) ca. 45 mm lang, grau.

Dieser fiederblätterige Ahorn mit meist blaubereiften Trieben aus Nordamerika ist vielfach in Anlagen und Waldungen Deutschlands cultivirt. Negundo californicum, der nur selten zu treffen ist, unterscheidet sich von ihm durch wollige Behaarung.

Acer rubrum, Roth-Ahorn.

Früchte nur sehr klein, Theilfrucht ca. 20—22 mm lang, Frucht gewölbt, Flügel in spitzem Winkel auseinander laufend.

Ein amerikanischer, im Frühjahr vor der Belaubung roth blühender Baum, welcher vielfach in Gärten und Anlagen zu finden ist.

Acer tataricum, Russischer Ahorn.

Flügelfrüchte klein, Theilfrüchte bis 30 mm lang, Flügel nach oben gegen einander säbelig zusammenneigend; entflügelte Frucht ca. 8—9 mm lang. Es kommen häufig Früchte mit 3 Theilfrüchten zur Ausbildung.

Mehr ein Grossstrauch als kleiner Baum aus Südost-Europa, welcher überall unsere Anlagen schmückt.

Evonymus europaeus, Pfaffenkäppchen-strauch, Spindelbaum (Celastrineae).

Frucht eine in 4 Klappen aufspringende Kapsel, die schon vorher 4 Längsleisten zeigt.

Sie enthält 3—5 Fächer mit 3—4 Samen. Im 3—5 fächerigen Fruchtknoten sind 1—2 Ovula in jedem Fache. Die Frucht ist schön roth von der Form der Priester-baretts, weich.

Die Samen sind umgeben von dem dünnen, weichen, gelbrothen Arillus, welcher leicht abzureiben ist; der Same ist 6—7 mm lang, hellbraun; innen weiss mit gelbem Embryo.

Strauch im Walde und Anlagen.

(Evonymus japonicus im Freien bis Bozen).

Staphylea pinnata, Pimpernuss (Staphyleaceae).

Die Früchte stellen einen grossen grünen Sack dar, d. h. eine aus dem 2—3 fächerigen Fruchtknoten entwickelte, häutige, geaderte, kahle, 3 fächerige Kapsel. Jedes Fach enthält 1 Samen (ursprünglich 2 Ovula). Die Kapsel klafft zur Reifezeit an der Spitze. Die Samen sind kugelig, ca. 10—12 mm im Durchmesser, mit ver-schmälerter, gerade abgeflachter, ca. 5 mm im Durchmesser hal-tender Basis (mattem Nabel); sie haben braune, stark glänzende, beinharte Schale, sind sehr ölreich und zeigen im Innern die bereits grünen Samenlappen.

In Wald und Anlagen ein Strauch.

Ilex aquifolium, Stechpalme, Hülsedorn (Ilicineae).

Aus dem 4 fächerigen Fruchtknoten, der in jedem Fache ein Ovulum trägt und mit einer 3 lappigen, schwarzen, sitzenden Narbe gekrönt ist, entwickelt sich eine beerenförmige, länglich-kugelige, über erbsengrosse, rothe Frucht, deren Aussenhülle dünn und saftig

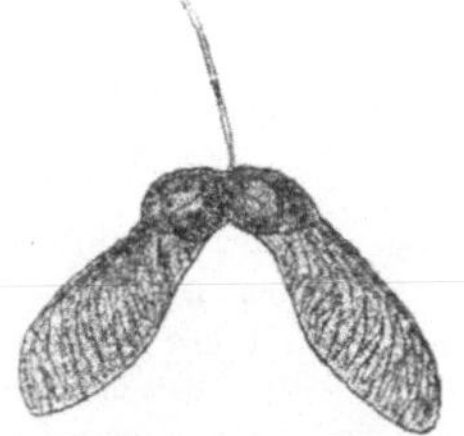

Fig. 75. **Acer rubrum.**
$^9/_{10}$ nat. Gr.

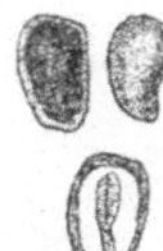

Fig. 76.
Evonymus europaeus.
$^9/_{10}$ nat. Gr.

1. Same mit Arillus, 2. ohne denselben.
3. Same im Längsschnitt mit Endosperm und Embryo.

Fig. 77.
Staphylea pinnata.
Same von Aussen mit Nabel-fleck und im Durchschnitt.

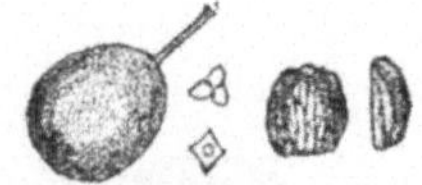

Fig. 78. **Ilex aquifolium.**
nat. Gr.
Links eine Beere mit Narbe,
dieselbe rechts davon, ebenso
die Basis mit Kelchzipfeln.
3. stellt die 4 Steinkerne dar,
4. einen Steinkern mit einem
Samen.

ist und 4 einsamige, beinharte, gelbliche, längsgefurchte Steinkerne umgiebt. Die Samen selbst besitzen nur eine dünne Schale; die Beeren sind nicht essbar. Sie zeigen noch die Narbe und den 4zipfeligen Kelch an der Basis. Der Same keimt nach 2 Jahren. Die Früchte bleiben im Winter am Baum hängen.

In Waldungen wild und in Anlagen überall cultivirt, strauchig bis baumartig.

Rhamnus cathartica, Kreuzdorn (Rhamnaceae).

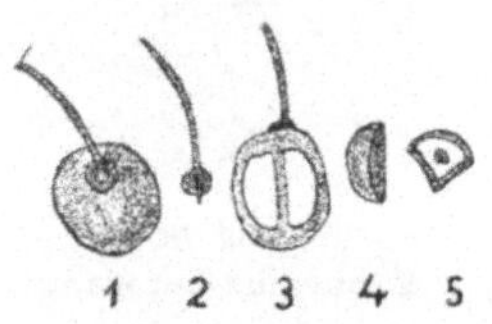

Fig. 79. **Rhamnus cathartica.**
⁹/₁₀ nat. Gr.
1. Steinfrucht. 2. Stielchen. 3. Steinfrucht im Längsschnitte, 2 Steinkerne zeigend. 4. Steinkern. 5. Steinkern im Querschnitt mit Samen.

Die Steinfrucht ist kugelig, über 7—8 mm im Durchmesser, blauschwarz, frisch weich, trocken hart, das Fleisch von den Kernen kaum mehr abzukratzen, oft mit dem Stielchen noch verbunden; die Frucht ist leicht in die 2—4 Kerne theilbar. Die Steinkerne sind 3kantig, hart, dunkel, einsamig. Die Samen besitzen eine Längsspalte.

Ein überall im Walde zu treffender Strauch.

Rhamnus Frangula, Pulverholzbaum, Faulbaum (Rhamnaceae).

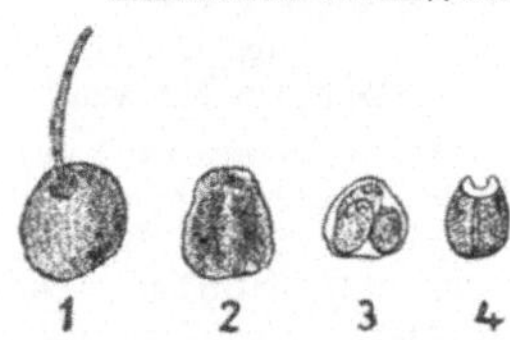

Fig. 80. **Rhamnus Frangula.**
⁹/₁₀ nat. Gr.
1. frische, 2. getrocknete Steinfrucht. 3. Steinkerne im Fruchtfleisch der getrockneten Frucht. 4. Steinkern mit Krönchen.

Die Steinfrüchte sind kugelig, dunkelbraun bis schwarz, 5—6 mm im Durchmesser, mit wenig Fleisch, sie sind theilweise zerdrückt und lassen die 3 harten Steinkerne hervorschauen. Diese sind flach, linsenförmig, 4—5 mm lang und ebenso breit, 1¹/₂—2 mm dick, grau bis braun, auf der einen flachen Seite mit Längsleiste und von einem hellbraunen, glänzenden, halbringförmigen, erhabenen Höcker gekrönt.

Ein Strauch oder kleiner Baum, der überall im Walde auftritt.

Cornus sanguinea, Gemeiner Hartriegel (Corneae).

Aus dem 2fächerigen, in jedem Fache 1 Ovulum enthaltenden Fruchtknoten entwickelt sich eine Steinfrucht mit saftiger Hülle und einem Steinkern mit 2 Fächern und je 1 Samen. Die Steinfrucht ist kugelig, schwarz, glänzend, 6—7 mm im Durchmesser und lässt oben die 5 Perigonzipfel erkennen. Die trockene Steinfrucht besitzt eine dünne, runzlige Fleischschicht, welche fest am Steinkern haftet. Die Innenwand der Fächer ist schneeweiss.

Cornus mas, Kornelkirsche.

Die längliche, ca. 20 mm lange, rothe, geniessbare Frucht von saurem Geschmack wird nicht als solche zur Saat gebracht, sondern der Steinkern allein ohne Reste des Fruchtfleisches. Der Steinkern ist ca. 15 mm lang, 5—6 mm breit, cylindrisch und an beiden Enden abgerundet, braun, sehr hartwandig. Der Querschnitt lässt die beiden Fächer mit je einem schmalen, langcylindrischen Samen und die punktförmig erscheinenden Lücken der Schale erkennen.

Cornus alba, Weissfrüchtige Kornelkirsche.

Aus Nordamerika. Ein Zierstrauch unserer Anlagen, mit glasigweissen, kugeligen, kaum erbsengrossen, weichen Früchten und 2seitig unsymmetrisch zugespitztem, ziemlich plattem, stark längsgerieftem Steinkern von ca. 5 mm Länge und 3—5 mm Breite.

Hippophaë rhamnoides, Sanddorn (Elaeagneae).

Die Scheinbeere des Sanddorns stellt eine einsamige Nuss dar, deren äussere Perigonschicht (Kelch) saftig wird.

Die Scheinbeere ist eiförmig, 8 mm lang, 6—7 mm breit, goldgelb, braun warzig punktirt. Beerenfleisch wässerig, gelb.

Der Steinkern ist dunkelbraun, glänzend, 4—5 mm lang, tropfenförmig, mit einer Längsleiste.

Die Beeren hängen den Winter über am Strauch und fallen im Frühling ab.

Strauch an Kalkhängen und in Anlagen.

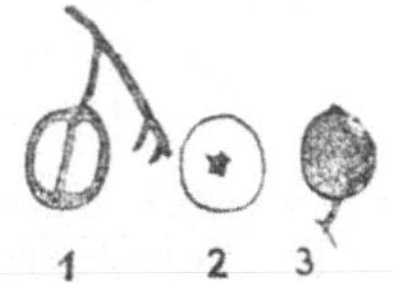

Fig. 81.
Cornus sanguinea.
$^9/_{10}$ nat. Gr.

1. Frucht im Längsschnitt mit 2 Fächern.
2. und 3. Frucht mit Perigonzipfeln.

Fig. 82. **Cornus mas.**
$^9/_{10}$ nat. Gr.

1. Frische Frucht. 2. Steinkern. 3. Derselbe im Querschnitt mit 2 Fächern.

Fig. 83. **Cornus alba.**
2fächerige Steinkerne.

Fig. 84.
Hippophaë rhamnoides.

1. Scheinbeere (Nuss).
2. und 3. Steinkerne.

Amygdalus communis, Mandelbaum (Amygdaleae).

Saftige, ovale, bis 4 cm lange, glatte Steinfrucht. Das Pericarp besteht aus dem zarten grauwollig-filzigen Epicarp, dem fleischigen, aber ziemlich trockenen Mesocarp und dem die Steinschale bildenden sklerenchymatischen Endocarp; darin hängt am Funiculus der Same.

Die sehr harte Steinschale der Mandel zeigt löcherige Vertiefungen. Der Same besitzt eine braune Haut.

Die dünnschalige Krachmandel ist eine Culturform. Der Same, im Steinkern eingeschlossen, kommt zur Saat.

Fig. 85 **Amygdalus communis.** ⁵/₁₀ nat. Gr.
1. Mandelfrucht mit Pericarp. 2. Mandelfrucht nur mit Endocarp (Steinkern). 3. Same.

Ein Obstbaum der Mittelmeerregion, der in den milden Weinlagen Deutschlands gut gedeiht.

Prunus (Amygdalaceen), **Pflaumen und Kirschen.**

Einsamige Steinfrüchte mit meist geniessbarem, saftigem Mesocarp. Die Aussenhülle zerberstet.

Pflaumen. Steinfrucht glatt, bereift.

Kirschen. Früchte kugelig, glatt, unbereift, am Grunde genabelt.

Traubenkirschen. Früchte kugelig, unbereift, klein, beerenförmig, mit dünner Fleischhülle.

Aprikose. Steinfrucht filzig, Basis genabelt. Kern glatt.

Pfirsich. Steinfrucht, an der einen Seite mit Längsfurche. Kern gefurcht.

Prunus Armeniaca, Aprikosenbaum.

Kugelige, an der Basis genabelte Steinfrucht. Sammetig-filziges, derbfarbiges, rothgelbes Epicarp, geniessbares, saftiges Mesocarp und sklerenchymatisches Endocarp (Steinkernschale), welches im Gegensatz zur Pfirsich ganz glatt ist.

Obstbaum aus dem Kaukasus, fast überall in Deutschland cultivirt.

Persica vulgaris, Pfirsichbaum.

Die kugelige Steinfrucht besitzt ein häutiges, meist filziges, zartfarbiges, röthlich-gelbes Epicarp, ein geniessbares, saftiges Mesocarp und ein Endocarp, die Steinkernschale. Der Steinkern kommt zur Saat. Diese Schale ist sehr dick, vorne gespitzt, unten mit rundlicher Ansatzstelle, gelb und durch Löcher und Gruben ausgezeichnet, ca. 30 mm lang, über 20 mm breit. Der Same selbst ist bis 20 mm lang und 10—12 mm breit, flach, braunhäutig. Die saftige Hülle zerberstet nicht.

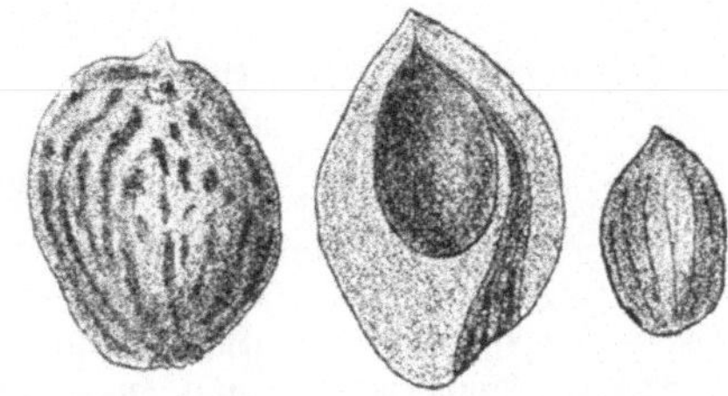

Fig. 86. **Persica vulgaris.** 9/10 nat Gr.
1. Steinkern. 2. Derselbe im Längsschnitt.
3. Same.

Obstbaum aus Persien, in Deutschland fast überall cultivirt.

Prunus spinosa, Schlehe, Schwarzdorn.

Frucht kugelig. Mit glattem schwarz-rothem, blau-bereiftem Epicarp, grünem, fleischigem Mesocarp von sehr adstringirendem Geschmack. Nach Frost oder getrocknet geniessbar; sie ist ca. 15 mm lang.

Der Steinkern (Endocarp), hart, runzelig gefurcht und mit Längsleisten, Spitze und Basalfleck, ist 10 mm lang, 8 mm breit, 5 mm dick. Der Same ist von zarter, längsgestreifter, sammetig-brauner Haut bedeckt, tropfenförmig, zugespitzt mit breiter, runder Basis, 6 mm lang, 4 mm breit.

Fig. 87. **Prunus spinosa.** 9/10 nat. Gr.
1. Frische Frucht. 2. Getrocknete Frucht.
3. Steinkern. 4. Steinkern im Längsschnitt,
leer. 5. und 6. Same. (5. vergrössert.)

Als Saatgut dienen die blauschwarzen, getrockneten Früchte mit dickem, weichem, runzligem Fleisch von ca. 12 mm Länge und häufig noch am Stielchen sitzend.

Ein deutscher (europäischer) Strauch, der auf Feldern und im lichten Walde gesellig auftritt.

Prunus insititia, Schlehenpflaume.

Stammpflanze der Mirabellen, Reineclaudes, Kricheln etc. Cultivirt und verwildert. Steinfrüchte der wilden Pflanze schwarz, mit blauem Reife und grünem, süsslichem Fleische, rundlich bis eiförmig, glatt, Steinkern zusammengedrückt, uneben, reifen im September.

Prunus domestica, Zwetschke, Pflaume.

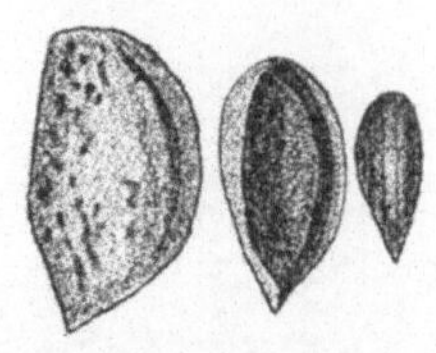

Fig. 88. Prunus domestica.

1. Steinkern, Frucht nur mit Endocarp.
2. Dieselbe im Längsschnitt.
3. Same.

Früchte nicht, wie meist bei Pr. insititia, rundlich, sondern länglich, schwarz mit blauem Reife, glatt. Kern platt, gefurcht, mit Längsrinne an der Schmalseite, scharfkantig, mit kleiner Ansatzstelle, 25 mm lang, bis 15 mm breit, hartschalig, der Same rundlich, eiförmig, 12 mm lang, 5 mm dick, braunhäutig, längsgestreift.

Obstbaum, überall cultivirt, Stammmutter der Eierpflaumen, Katharinenpflaumen etc.

Prunus Cerasus, Sauerkirsche.

Fig. 89.
Prunus Cerasus.
Steinkern von Aussen und im Längsschnitt mit Samen.

Früchte hellroth bis schwarz, süsssauer, unbereift, glatt, kugelig, genabelt. Kern glatt, rund, ca. 10 mm lang, Same 7—8 mm lang.

Die Ostheimer-Kirsche (eine Var.) ist zur Aufforstung kahler Hänge wegen des Stockausschlages und der Genügsamkeit an den Standort empfohlen.

Prunus Mahaleb, Weichsel.

Früchte nur erbsengross, schwärzlich, sehr herbe, kahl. Steinkern glatt. Reifen im Herbste und keimen im 2. Frühjahr.

Wild und cultivirt zur Gewinnung des bekannten wohlriechenden Weichselholzes.

Prunus Padus, Traubenkirsche.

Fig. 90.
Prunus Padus.

1. Steinfrucht.
2. Steinkern.
3. Same.

Früchte erbsengross, schwarz, bittersüss, kahl. Steinkern netzgrubig. Zur Saat kommen die getrockneten Früchte mit dünnem Fleisch und den stark gefurchten, harten, ca. 7—8 mm langen und 5—7 mm breiten Steinkernen. Die Samen sind ca. 6 mm lang, 4—5 mm breit, gespitzt, braun, zarthäutig, intensiv gelb.

Samenreife: Juli, Fruchtabfall: August—September.

Baum und Strauch wild im Walde und in Anlagen cultivirt.

Prunus serotina, Spätblühende Traubenkirsche.

Früchte erbsengross, schwärzlich, kahl. Zur Saat kommen die reinen Steinkerne. Diese sind glatt, kuglig, mit deutlicher Spitze, hellbraun, 6—7 mm lang, 5 mm breit. Der Same ist ca. 4—5 mm lang, zugespitzt, mit rundlichem Basalfleck, welcher an der Spitze der Steinschale liegt.

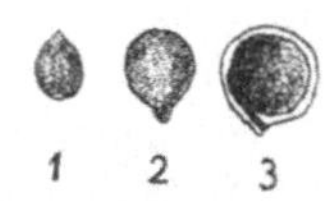

Fig. 91.
Prunus serotina.
1. Same. 2. Steinkern.
3. Derselbe vergrössert im Längsschnitt.

Aus Nordamerika als Zierbaum in Deutschland cultivirt, zum forstlichen Anbau empfohlen.

Prunus avium, Süsskirsche.

Frucht der wilden Pflanze schwarzroth, 12—15 mm dick, bitterlich süss. Kugelig, genabelt, glatt, unbereift, Kern glatt, verschiedenformig. Stammmutter der Herz-, Knorpelkirschen etc.

Obstbaum, überall cultivirt, Waldbaum im Misch- und Mittelwald (bes. Oberständer).

Samenreife: Juli, Fruchtabfall: September, Samenruhe: bis zum 2. Frühling.

Pomaceae.

Die Samen der Pomaceen sind in fleischigen Scheinfrüchten eingeschlossen.

Diese entstehen durch Verwachsen der (bis 5) Fruchtknoten unter sich und mit der Wand der fleischigen, zu einer Hohlkugel ausgebildeten Achse, des sogenannten Hypanthiums, welches oben die Kelchblätter trägt.

Man theilt die Pomaceen ein in steinfrüchtige, deren Früchte Steinäpfel sind und in kapselfrüchtige, deren Früchte als Kernäpfel bezeichnet werden.

I. Steinäpfel entstehen dadurch, dass die einzelnen Früchte steinhart werden und als Steinkerne im saftigen Hypanthium eingeschlossen sind. Cotoneaster, Mespilus, Crataegus.

1. Cotoneaster.

Steinäpfel klein, rundlich. Die Steinfrüchte sind nur in der unteren Hälfte mit dem Hypanthium verwachsen, aus dem sie oben frei herausschauen, indem nur die Kelchblätter sich über ihnen zusammenfalten.

Cotoneaster vulgaris, Bergmispel.

Steinapfel roth (selten gelb), über erbsengross, kugelig, mehlig, mit 2—5 einfächerigen und einsamigen Steinkernen (Früchten), die nach innen nicht zusammenhängen.

Strauch in Wald und Anlagen.

2. Während der Steinapfel bei Cotoneaster oben frei ist, ist er bei **Mespilus** und Crataegus geschlossen und nur die Griffel durchbrechen die oben schliessende Scheibe. Die Steinkerne sind völlig im Hypanthium eingeschlossen.

Mespilus germanica, Deutsche Mispel.

Steinapfel sehr gross, ca. 3 cm im Durchmesser, kugelig, oben platt, in morschem Zustande geniessbar; oben sitzen die langen Kelchblätter zusammenneigend auf und bedecken die breite, die Hypanthiumhöhle schliessende Scheibe. Vom Hypanthium völlig eingeschlossen sind die 6 einsamigen, nach innen zusammenhängenden Steinkerne. Diese sind 3 kantig, mit gewölbter Rückenseite, rothkörnelig, längsgefurcht, sehr hart, 8—10 mm lang. Die 3 kantigen Samen sind ca. 6 mm lang, braunhäutig, glatt.

Fig. 92.
Mespilus germanica.
2 einsamige Steinkerne und einer im Querschnitt; rechts ein Same.

Grossstrauch aus Persien, verwildert und als Obstbaum cultivirt.

Crataegus. Steinapfel klein, beerenartig, 1—5 zweisamige Steinkerne völlig in dem mit schmaler Scheibe geschlossenen Hypanthium bergend.

Crataegus Oxyacantha, Gemeiner Weissdorn.

Kugelige, rothe Früchte mit 2 Steinkernen und 5 aufrecht stehenden 3 eckigen Kelchzipfeln. Zur Saat kommen in der Regel die rothen Früchte, oft noch am langen Stiele, mit tief eingesenkter Spitze, den 2 Griffeln, Staubfäden und 5 dunkeln Kelchzipfeln. Die Früchte sind ca. 10 mm im Durchmesser, haben weiches, gelbliches Beerenfleisch; die Steinkerne sind ca. 7 mm lang, 5 mm breit, schwach längsgefurcht, flach, nach aussen gewölbt, gelblich.

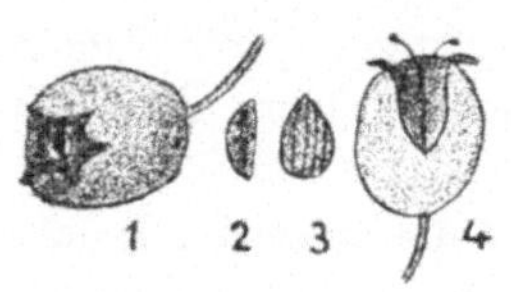

Fig. 93.
Crataegus Oxyacantha.
1. Steinapfel mit 5 zurückgeschlagenen Kelchzipfeln.
2. und 3. Steinkerne mit dem Samen.
4. Steinapfel im Längsschnitte.

Strauch in Wald und Anlagen.

Cr. monogyna und andere findet man häufig in Anlagen.

II. Kernäpfel.

Statt Steinkernen sind hier dünnwandige Früchte im saftigen Hypanthium eingesenkt. In der dünnwandigen kapselartigen Frucht, dem Kerngehäuse des Apfels z. B., befinden sich die Samen (z. B. Apfelkerne). Pirus, Cydonia, Amelanchier, Sorbus.

1. Kernapfel gross, 2—5 früchtig.

a) **Pirus.**

Kernapfel kahl, 2—5 fächerig, jedes Fach mit 2 Samen. Kelch vertrocknet, an der Spitze des Hypanthimus, welches durch eine kleine Scheibe geschlossen ist.

α) **Birnbäume.**

Frucht am Grunde nicht genabelt, meist in den Stiel verschmälert, Fächer im Querschnitt nach aussen abgerundet.

Pirus communis, Gemeiner Birnbaum.

Frucht oben breit, nach dem Stiel sich allmählich verschmälernd, Stiel lang, Kern ca. 8 mm lang, einerseits meist flach, dunkelbraun, zugespitzt. Same mit sehr zarter hellbrauner Haut. Die Kerne werden gesäet. Samenreife: Sept. Fruchtabfall: Oct. Samenruhe bis zum 2. Frühling.

Fig. 94.
Pirus communis.
Kernhausfächer, den Samen enthaltend, das 3. im Durchschnitt.

β) **Apfelbäume.**

Frucht am Grunde genabelt, Fächer im Querschnitt nach aussen zugespitzt.

Pirus Malus, Gemeiner Apfelbaum.

Frucht kugelig, oben und unten abgeplattet, kurzgestielt. Kerne ca. 8 mm lang, hellbraun, verschieden gross und verschieden geformt. Samenreife: Sept., Fruchtabfall: Oct., Samenruhe bis zum 2. Frühling.

b) **Cydonia,** Quitte.

Kernapfel gross, filzig, 2—5 fächerig, jedes Fach mit 8—14 Samen mit schleimiger Schale. Kelchzipfel auf dem Hypanthium gross, grün, blattartig.

Cydonia vulgaris, Gemeine Quitte.

Frucht gross, apfel- oder birnförmig, gelbfilzig, stark duftend, hartfleischig, gekocht geniessbar. Kerne grösser wie die von Apfel und Birne, zu mehreren ziegellig sich deckend, durch Quittenschleim an einander gekittet.

Strauch oder Obstbaum in Gärten.

Fig. 95.
Cydonia vulgaris.
Kernhausfächer.

Cydonia japonica, mit kugeligen, grossen, ungeniessbaren Früchten; wegen den rothen Blüthen in Anlagen angebaut. Kerne den Apfelkernen sehr ähnlich, einzeln, frei.

2. Kernapfel klein, beerenförmig.

a) **Amelanchier.**

Amelanchier vulgaris s. rotundifolia, Felsenbirne.

Kernapfel kugelig, blauschwarz mit rothen aufrechten Kelchzipfeln; in 3—5 getheilten Fächern, also 6—10 Theilfächern, je 1 Same.

b) **Sorbus.**

Kernapfel klein, meist beerenförmig, weich, Kelchzipfel nicht aufrecht, sondern zusammengeschlagen, die 2—5 Früchte (Kernhausfächer) enthalten je 1—2 Samen.

Fig. 96. Sorbus Aucuparia. 1. Kernapfel mit 5 Perigonzipfeln. 2. Im Querschnitt die Kernhausfächer zeigend. 3. und 4. Früchte. (Kernhausfächer mit dem Samen.)

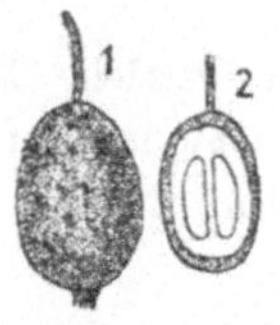

Fig. 97. Sorbus torminalis. 1. Kernapfel mit 5 Perigonzipfeln und Tupfen. 2. Im Längsschnitte zwei von den Kernhausfächern zeigend.

Sorbus Aucuparia, Eberesche, Vogelbeerbaum.

Kernapfel kugelig, roth, über erbsengross, Kelchzipfel zottig, ungeniessbar. Zur Saat kommen die weichen, rothen, verschrumpften Kernäpfel von ca. 10 mm Durchmesser.

Die Kerne sind 3 kantig, glänzend, bräunlich, ca. 4 mm lang und 2 mm breit.

Samenreife September, Fruchtabfall während des Winters. Samenruhe: bis Frühling. Im Wald und Alleen.

Sorbus torminalis, Elsbeere.

Kernapfel länglich, oben genabelt, braun mit hellen Punkten, in teigigem Zustande geniessbar. Trocken ca. 12—15 mm lang, 8—10 mm breit, oben mit Perigonkrone, oft noch am Stielchen sitzend. Die trockenen Kernäpfel kommen zur Saat, sie enthalten in harter Schale die Fächer mit den Samen.

Samenreife: Sept., Fruchtabfall: Oct.—Nov. Samenruhe bis Frühling. Im Wald und Anlagen.

Sorbus Aria, Mehlbeere.

Kernapfel oval, roth, weissfilzig.

Samenreife: Sept.—Oct., Fruchtabfall während des Winters, Samenruhe theilweise bis zum 2. Frühling. Im Walde.

Papilionaceen-Samen.

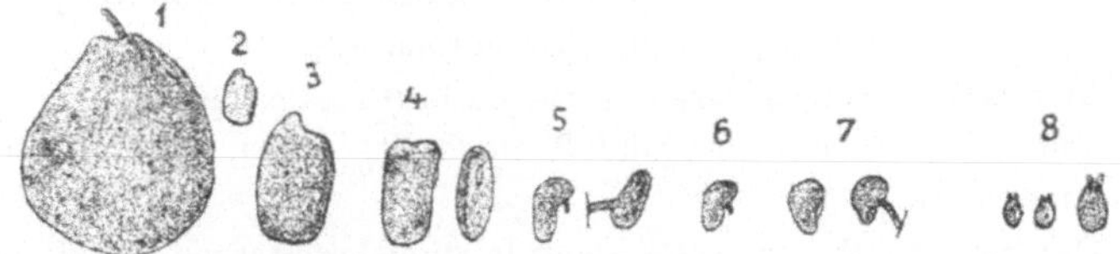

Fig. 98. $^9/_{10}$ nat. Gr.

I. Caesalpiniaceen.	II. Leguminosen.	
1. Gymnocladus canadensis.	4. Sophora japonica.	7. Colutea arborescens.
2. Cercis siliquastrum.	5. Robinia Pseudacacia.	8. Spartium scoparium
3. Gleditschia triacanthos.	6. Cytisus Laburnum.	(rechts vergrössert).

Robinia Pseudacacia, Robinie, falsche Akazie (Leguminosae).

Hülse 60—70 mm lang, ca. 15 mm breit, ganz platt, aufspringend, 6—8samig, an der Bauchnaht berandet, uneben, kahl, 5—6 cm lang, grün oder rothbraun, innen glatt, silberglänzend. Same braun, fein schwarz gestrichelt, matt, hakig umgebogen, zeigt deutlich seitlich den Nabelstrang, er ist ca. 5 mm lang und 2 mm breit und ziemlich flach.

Samenjahre: Alljährlich. Samenreife: Oct.—Nov. Samenabfall: gegen Frühling. Samenruhe: 14 Tage. Keimdauer: 2—3 Jahre.

Aus Nordamerika, seit lange in Wald und Park eingebürgert.

Cytisus Laburnum, Bohnenbaum, Goldregen (Leguminosae).

Die Samen sind klein, glänzend, rundlich, blauschwarz oder braunschwarz, mit anhaftendem Nabelstrange, 4—5 mm lang, 3—4 mm breit, mit hakiger Biegung. Giftig.

Sie sind in der Fruchthülse aufgehängt und hängen darin im Winter, wenn diese auch schon aufgesprungen ist. Die Hülse ist länglich, schmal, platt, angedrückt, behaart, grau, bis 5,5 cm lang, 8—10 mm breit. Sie springt der Länge nach auf und ist einfächerig.

Samenjahre: alljährlich. Samenreife: im Sommer. Samenabfall: im Frühjahr bis Sommer. Samenruhe: einige Wochen. Cytisus alpinus: ähnlich wie Cyt. Lab.

Sophora japonica, Sauerschote.

Samen schwarz (Nabelstelle seitlich), flach, ca. 6—10 mm lang, 5 mm breit.

Colutea arborescens, Blasenstrauch. (Leguminosae).

Samen ganz flach, die Ränder der Schmalseite gerade aufsteigend, nicht gewölbt, braun, matt, rundlich, ca. 4—5 mm im Durchmesser.

Spartium scoparium, Besenginster. (Leguminosae.)

Samen eiförmig mit 2 helleren, glänzenden Höckern gekrönt. Fast ebenso ist der Same von Ulex europaea.

Gleditschia triacanthos, Christusakazie (Caesalpiniaceae).

Hülse bis 30 cm lang und 3 cm breit, braun, glänzend, platt vielsamig, glatt.

Die Samen ähneln sehr den Johannisbrodkernen, sind platt, braun, ca. 10 mm lang, ca. 6 mm breit, auf der einen Seite glänzend, auf der anderen anfangs matt, Nabel an der Spitze in kleinem Einschnitte.

Diese Nordamerikanische Holzart ist in deutschen Alleen und Parks eingebürgert. Auf wärmeren, dürren Standorten (russ. Steppe) anzubauen.

Gymnocladus canadensis, Schusserbaum (Caesalpiniaceae).

Schoten kurz und sehr breit, springen der Länge nach auf; innen fleischig, weich, klebrig. Sie sind etwa 15 cm lang, 4 cm breit, aber nur platt, braun, glatt.

Die Samen sind rundlich, nach der Nabelstelle zulaufend, platt, aber doch ca. 10 mm dick, etwa 20 mm im übrigen Flächendurchmesser, braun, beinhart.

Erwächst in Bozen, zu grossen prächtigen Bäumen.

Cercis siliquastrum, Judasbaum (Caesalpiniaceae).

Hülsen nur 10,5 cm lang, springen an der Bauchnaht auf, zart, zerbrechlich, ganz flach.

Samen braun, glänzend, flach, oval, ca. 5—6 mm lang, 2—4 mm breit, 1—1½ mm dick. Nabelstelle an der einen Spitze.

Aus dem Mittelmeergebiete nach Deutschland gebracht, erwächst er zu stattlichen Bäumen in den milderen Gegenden (Karlsruhe z. B.).

Paulownia imperialis, Paulownie (Scrophularineae).

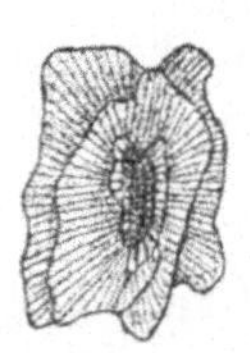

Fig. 99.

Paulownia imperialis.

Links stark vergrössert, rechts in ⁹/₁₀ nat. Gr.

Aus dem Fruchtknoten bildet sich eine grosse, gespitzte, holzige Kapsel, welche 2klappig aufspringt und die winzigen Samen ausfliegen lässt diese sitzen, dicht übereinander geschichtet, in jedem Fache einem fleischigen Samenträger auf. Die einzelnen Samen sind nur 1 mm lang, sehr schmal und mit schneeweissen, äusserst zarthäutigen, radial gestreiften und radial sitzenden, aber nur in einer Ebene ordentlich ausgebildeten Flügelchen.

Diese japanische Holzart bildet schon in Bozen oder den milden Lagen der Schweiz und Deutschlands stattliche Bäume in Parks, für die wohl allein dieser schnellwüchsige Baum seines schlechten Holzes wegen passt.

Catalpa speciosa, Prächtiger Trompetenbaum (Bignoniaceae).

Die Samen befinden sich in langen (vanillähnlichen) Kapseln, sie sind selbst länglich und an beiden abgerundeten Enden durch lange, weisse, in der Längsrichtung

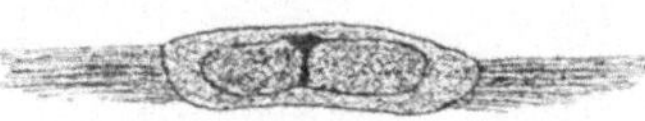

Fig. 100. **Catalpa speciosa.**
Flügelfrucht.

der Früchte laufende Haare geflügelt. Sie sind ca. 20 mm lang, 5 mm hoch und ganz häutig, flach, aber derb.

Dieser Nordamerikaner soll seines Holzes wegen in den wärmeren Gegenden an nassen Orten zum Anbau kommen.

Ligustrum vulgare, Liguster (Oleaceae).

Beeren 2 fächerig, mit 1—2 samigen Fächern, kugelig, schwarz, glänzend, 5—8 mm lang, saftig, Fleisch purpurroth, violett färbend. Zur Saat kommen die getrockneten schwarzen Beeren, oft am kleinen Stielchen noch sitzend. Die fleischige Schicht ist leicht zu entfernen, die beiden Fächer enthalten 1—2 braune, gekörnelte Samen; diese sind 3 kantig, ca. 5 mm lang und 3 mm breit mit 1—2 Längsleistchen.

Fig. 101.
Ligustrum vulgare.

1. Beere mit 2 Fächern.
2. und 3. Beeren mit 3 Samen.
4. und 5. Samen.

Die schwarzen Beeren reifen im Herbste und hängen den Winter über am Strauche.

Im Wald und Anlagen allenthalben.

Fraxinus. Esche (Oleaceae).

Flügelfrucht einfächerig und einsamig. Der an kurzem Faden (frühere Scheidewand) hängende Same ist lanzettlich lang; die Frucht umschliesst ihn vollständig. Sie ist nach vorne in einen keilförmigen flachen Flügel verbreitert, welcher gelb bis braun ist. Die Frucht entwickelte sich aus einem mit einem kurzen Griffel und 2 lappiger Narbe versehenen Fruchtknoten, der ursprünglich 2 durch eine Scheidewand getrennte 2 samige Fächer besass. (Manche Blüthen sind Zwitter, die weibl. tragen einen Kelch.)

Fig. 102.
Fraxinus
excelsior.

1. Flügelfrucht.
2. Same.

Fraxinus excelsior, Gemeine Esche.

Flügelfrucht länglich, kahl, gelb bis braun, ca. 40 mm lang, ca. 8 mm breit, an der Spitze abgerundet oder schwach eingebuchtet und die Spitze der Hauptnerven zeigend, Flügel lederig, glatt, keilförmig, mit .Mittelnerv und vielen parallelen und sich gabelig theilenden Nebennerven, braun. Die Frucht ist breit, bis zur Basis sich allmählich verschmälernd und platt. Der Same ist breit und flach, längsgestreift.

Samenjahre: 1—2 Jahre. Samenreife: Sept. —Oct. Samenabfall: Gegen das Frühjahr. Samenruhe: Bis 2. Frühjahr. Keimdauer: 1—3 Jahre.

Fraxinus pubescens, Flaumige Esche.

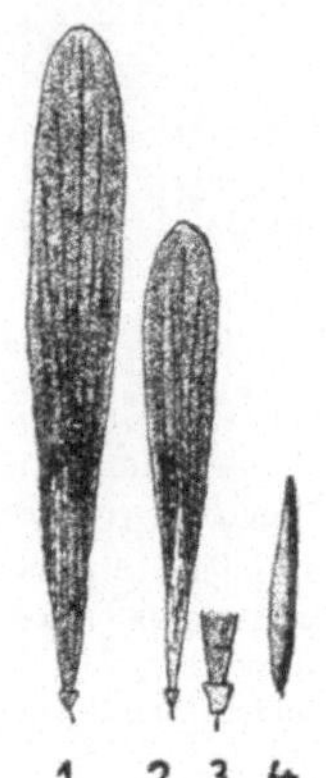

Fig. 103.
Fraxinus pubescens.

1. und 2. Flügelfrüchte.
3. Basis der Flügelfrucht
mit dem tutenförmigen
Perigon. 4. Same.

Flügelfrüchte am Grunde vom gezähnten Kelche umgeben, mit schmaler, walziger, beiderseits von 3—5 Furchen durchzogener Frucht und lineal-zungenförmigem, lederartigem, hellgelbem, an der Spitze abgerundetem Flügel, welcher zu beiden Seiten der Frucht bis zur Basis als Saum sich verschmälert.

Länge der Flügelfrucht ca. 40 mm, Flügelbreite 6 mm. Die Samen liegen nicht über.

Aus Nordamerika in Parks und Waldungen lange schon cultivirt. (Nach Willkomm ein Baum I. Grösse, nach Mayr nur 12 bis 15 m hoch und nicht anzubauen.)

Fraxinus americana, Weissesche (syn. Fr. alba).

Flügelfrucht am Grunde vom Kelch umgeben, mit schmaler, walziger Frucht und länglich linealem oder lanzettförmigem, an der Spitze schief abgestutztem oder ausgerandetem, lederartigem, nervig gestreiftem Flügel, welcher ebenso lang oder länger als die eigentliche Frucht ist.

Samenlänge 12—15 mm, Dicke bis 3 mm. Flügellänge 30—40 mm, Breite 6—8 mm.

Die Samen keimen einige Wochen nach der Saat.

Dieser Nordamerikaner ist für Deutschland nach Mayr die wichtigste Eschenart. Aehnliches gilt für Fraxinus sambucifolia.

Ornus europaea, Blumenesche, Mannaesche (Oleaceae).

Flügelfrüchte breit, lanzettlich, 25—35 mm lang, mit rundem 10 mm langem Samen, und abgerundetem, oft ziemlich dünnem, an der Spitze breitem Flügel. An der Basis mit den Perigonzipfeln. Reift im Juli.

Dieser Südeuropäer geht nördlich bis Klausen und findet sich im milden Deutschland als Parkbaum cultivirt.

Syringa vulgaris, Gemeiner Hollunder, Flieder (Oleaceae).

Frucht eine 2 fächerige, mit 2 kahnförmigen Klappen aufspringende 2samige Kapsel. Jedes Fach enthält 2 geflügelte Samen. Die Kapsel trägt die Leiste auf der Breitfläche und springt senkrecht zu derselben auf. Die Samen sind bis 10 mm lang.

S. vulgaris aus Südosteuropa, S. persica aus Persien, S. chinensis aus China. Cultivirte Ziersträucher.

(Forsythia bildet eine holzige, 2 fächerige, vielsamige Kapsel von Eiform, zusammengedrückt. Ein im Frühjahr vor der Belaubung gelb blühender Strauch der Anlagen.)

Sambucus nigra, Schwarzer Hollunder (Caprifoliaceae).

Frucht eine 3—5 samige Beere.

Beere kugelig, 5—6 mm lang, erbsengross, schwarz, glänzend, weich, riechend, Same winzigklein; die Samen kommen, eingeschlossen in die kleine, oft noch kurz gestielte, vertrocknete Beere, welche ein 5theiliges Perigon an der Spitze zeigt, zur Saat.

Baum und Strauch im Walde und in Anlagen.

Sambucus racemosa, Traubenhollunder (Caprifoliaceae).

Beeren rund, roth, glänzend, reifen Juni— August. Die Samen sind mattgelb, braun, eiförmig, ziemlich flach, aber ca. 4 mm lang, 2 mm breit; zur Saat kommen die Samen, in der käufl. Waare finden sich jedoch auch rothe Beerenreste.

Baum und Strauch in Wäldern und Anlagen.

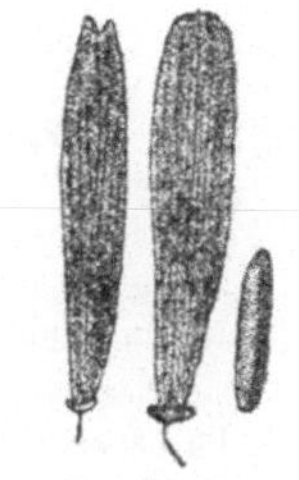

Fig. 104.
Fraxinus Ornus.
1. und 2. Flügelfrüchte mit den Perigonzipfeln an der Basis. 3. Same.

Fig. 105.
Syringa vulgaris.
1. Fruchtkapsel.
2. Flügelfrucht.

Fig. 106.
Sambucus nigra.
1. Beere von der Seite, 2. von oben, 3. im Querschnitt, der 4 Samen durchschneidet.

Fig. 107.
Sambucus
racemosa.
1. und 2. Samen.

Viburnum Opulus, Gemeiner Schneeball (Caprifoliaceae).

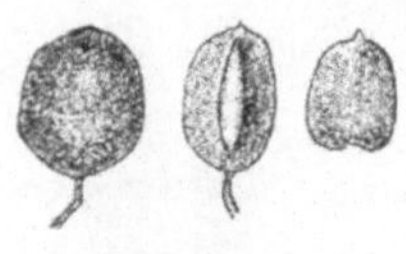

Fig. 108.
Viburnum Opulus.

1. Steinbeere.
2. Im Längsschnitt.
3. Steinkern allein.

Steinbeere glänzend, roth, weich, rund, saftig, einsamig, 8 bis 12 mm im Durchmesser. Steinkern platt, herzförmig, hartschalig, 8—10mm lang, 3—4 mm dick, von dem zur Reifezeit wässerigen Beerenfleisch rothgefärbt. Zur Saat kommen die getrockneten, flach gedrückten, schmutzig braunrothen, runzlichen Beeren.

Grossstrauch im Walde und Anlagen.

Viburnum Lantana, Wolliger Schneeball (Caprifoliaceae).

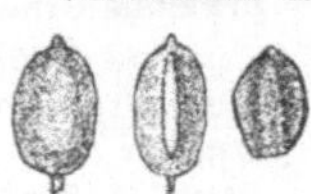

Fig. 109.
Viburnum Lantana.

1. Steinbeere.
2. Im Längsschnitt den Steinkern von der schmalen Seite zeigend.
3. Steinkern (mit Samen) von der breiten Seite.

Steinbeere, eiförmig, zusammengedrückt, 8—10 mm lang (unreif roth), reif schwarz, breiig. Narbe und Kelchblättchen als dickes, braunes Zäpfchen sichtbar.

Steinkern länglich, platt mit 2 dunkleren Längsstreifen, 7 bis 8 mm lang.

Zur Saat kommen die verschrumpften, plattgedrückten, schwarzen runzlichen Beeren.

Grossstrauch im Walde und Anlagen, besonders auf Kalkboden.

Tabelle zur Bestimmung der Laubholz-Samen und -Früchte.

A. Geflügelte Früchte und Samen*).

I. Mit grossem Flügel.
- a. Flügel nach einer Seite hauptsächlich entwickelt, langgestreckt. Acer 71, Liriodendron 63, Fraxinus 102.
- b. Flügel, den Samen in der Mitte tragend.
    - 1. langgestreckt. Ailanthus 68.
    - 2. rund. Ulmus 59, Ptelea 67.
    - 3. breitgestreckt. Catalpa 100.

II. Mit kleinem Flügel oder Haarschopf. Kleine Samen.
- a. Mit wirklichem, den Samen umgebendem Flügel. Betula 40, Alnus 38, Paulownia 99, Syringa 105.
- b. Mit Haarschopf. Salix, Populus, Platanus 62 (Clematis).

---

*) Anm. Die beigefügten Zahlen bedeuten die erste Nummer der zugehörigen Abbildungen im Texte.

B. Ungeflügelte Früchte und Samen.

I. Grosse, schwere Früchte und Samen (Samen trocken).

Castanea 50, Aesculus, Juglans 52, Carya 54, Quercus 45, Fagus 49, Amygdalus 85, Prunus Armeniaca, Persica 86.

II. Mittlere Früchte und Samen (Samen trocken).

Carpinus 43, Tilia 65, Staphylea 77, Prunus Cerasus 89, domestica 88, Padus 90, Gymnocladus 98, Cornus mas (länglich, ohne Fleischschicht) 82, Ostrya 44.

III. Kleine und theilweise mittlere Früchte und Samen.

    a. Leguminosen (ausser Gymnocladus). Samen trocken, ganz glatt, glänzend, platt. 98.

    b. Samen eiförmig, platt, aus Kernäpfeln. Pirus comm. 94, Pirus Malus, Cydonia 95.

    c. Ganz kleine, trocken, rundlich bis länglich. Morus, (Ribes), (Rubus), Sambucus 106, Hippophaë 84.

    d. Früchte, deren Aussenschicht fleischig ist.

        1. Beeren mit Saftschicht, länglich, roth: Berberis 64; länglich, schwarz: Ligustrum 101; rothe Beere: Ilex 78.

        2. Same mit Arillus, gelb: Evonymus 76, wachsweich.

        3. Steinfrüchte. 1. roth: Viburnum Opulus 108. 2. schwarz: Prunus spinosa 97, Prunus Padus 90, Prunus serotina 91, Cornus sanguinea 81, Viburnum Lantana 109, Rhamnus cathartica 79. 3. braun: Celtis 60, Rhus 69.

        4. Steinäpfel: Mespilus 92, Crataegus 93, Cotoneaster.

        5. Kernäpfel: Sorbus Aucup. rot 96.

Besondere Tabelle

für die schwerer zu unterscheidenden Früchte, welche im käuflichen Zustande (Saatgut) eine eingetrocknete, weiche Aussenschicht besitzen.

1. Kugelig, schwarz:

    Prunus spinosa (blauschwarz) 97; rund: Prunus Padus 90, Prunus serotina 91, Cornus sanguinea, schwarz, rund (frisch weiss glänzend) 81, Rhamnus cathartica 79.

2. Kugelig, roth:

    Sorbus Aucuparia 96, Cotoneaster.

3. Kugelig, braun:

    Celtis (die braune, dünne, spröde Schale löst sich leicht vom aussen fleischigen Kerne) 60.

4. Mehr oder weniger platt, weich, verdrückt:

    1. schwarz: Viburnum Lantana 109.
    2. roth: Viburnum Opulus 108.

5. Längliche, rothe Beeren:

    Berberis 64.

6. Wachsweich, rundlich, gelb:

    Evonymus 76.

7. Roth, filzig, winziger Same:

    Rhus typhina 70.

II. Theil.

Keimpflanzen.

A. Keimlinge
der in Deutschland angebauten forstlich wichtigen
Nadelhölzer.

Bei den Nadelhölzern, Coniferen, trägt der Embryo niemals nur einen, bei einigen Gruppen 2 und häufig viele Cotyledonen. Bei der Keimung sind hier wie bei allen anderen Samen 3 Stadien zu unterscheiden, von denen das erste in einer Wasseraufnahme des Samens und einem Aufquellen desselben besteht, das zweite besteht in der chemischen Veränderung (Lösung) der im Samen seinerzeit in umgekehrter Weise abgelagerten, festen Reservestoffe, wie Eiweiss, Stärke, Oele, und erst im dritten Stadium schiebt sich der Embryo aus der Samenschale. Die Samenruhe hängt nicht nur zusammen mit der Zeit, in welcher der Same aufquillt, sondern auch mit der Möglichkeit, die Metamorphose der Reservestoffe vorzunehmen, welche an das Vorhandensein bestimmter Fermente geknüpft sein dürfte. Manche Samen keimen daher selbst im feuchten Keimbette ein ganzes Jahr nicht. Im Allgemeinen keimen die meisten Samen im Frühjahr, wenn der Samenabfall im Herbst und Winter erfolgte, nur wenige brauchen eine längere Samenruhe (liegen über). Säet man dagegen erst im Frühling oder ältere Samen, so liegt wenigstens ein Theil derselben über und keimt im nächsten Frühjahr erst nach.

Die Coniferen, ausser Ginkgo, keimen epigeisch, indem sie das Würzelchen aus dem Samen schieben, welches sich im Boden entwickelt, und die Cotyledonen mit der Plumula aus den Samenschalen zu ziehen suchen. Ist der Same leicht bedeckt, so heben die Cotyledonen die Samenschale als Kappe in die Höhe und werfen sie erst allmählich ab, indem sie sich auszubreiten und aus derselben herauszuziehen suchen.

Bei tieferer Bedeckung der Samen erscheint das hypocotyle Glied (zwischen Wurzel und Cotyledonen) knieförmig gebogen über dem Boden, die Cotyledonen stecken im Samen, dieser in Erde. Die Samenschale bleibt dann im Boden und nur die Cotyledonen werden, aus ihr gezogen, an's Licht gebracht.

Im letzteren Falle stellt sich das Pflänzchen später aufrecht, die Cotyledonen werden aber früher belichtet, können assimiliren und so dem Pflänzchen früher Nutzen bringen; ausserdem werden die Cotyledonen, wenn sie mit der Samenkappe bedeckt sind, gerne von Vögeln abgepickt, wogegen Mennige oder Saatgitter anzuwenden sind.

Der Keimling geht bei Kopfgeburten zu Grunde, d. h. dann, wenn er im Samen verkehrt orientirt liegt und sich zuerst die Plumula aus dem Samen (Mikropylenstelle) herausschiebt, weil dann das Würzelchen eingeschlossen bleibt.

Die Coniferen gruppiren sich in: 1. Abietineae — 2. Taxeae — 3. Taxodieae — 4. Cupressineae.

Abietineae

mit den Gattungen Pinus, Cedrus, Larix, Picea, Tsuga, Pseudotsuga, Abies.

Pinus, Kiefern, Föhren.

Keimlinge mit mehreren Cotyledonen, die im Querschnitte 3 kantig sind.

Auf den breiten Innenflächen in Längslinien zarte, weisse Pünktchenreihen. Die Cotyledonen sind bei den meisten Föhren ohne Sägezähne, die ersten Blättchen sind 2 flächig, zugespitzt, beidkantig mit Sägezähnen besetzt.

Die Primärnadeln*) werden meist nur in den ersten Jahren (bei der Pinie auch länger) gebildet, die späteren werden trockenhäutig und fallen ab, ferner treten sie noch als Knospenschuppen auf.

---

*) Anm. Bei der Kleinheit der Zeichnungen war es nicht immer möglich, die Zähne der Primärblättchen darzustellen; es ist dieses Merkmal im Texte zu finden.

Nach dem ersten Jahre werden Kurztriebe gebildet mit Nadel-
büscheln in einer Scheide. Nach der Zahl dieser Nadeln theilt
man die Föhren in 2-, 3-, 5-Nadler ein. Diese Nadeln sind immer-
grün und mehrjährig. Die Pinusarten haben End- und Quirl- und
Achselknospen in der Achsel der Primärblätter. (Seitenknospen
wie bei Picea und Abies fehlen.)

Die Farbe des hypocotylen Gliedes (grün oder röthlich) ist
ebenso wenig constant wie die Form der ersten Wurzel. Erstere
hängt besonders von der Beleuchtung, letztere vom Boden ab.

1. Section. Pinaster, Zweinadler.

P. silvestris, montana, Laricio, densiflora, Thunbergii, P. Pinea,
P. Pinaster.

Pinus silvestris, Gemeine Kiefer, Föhre.

Cotyledonen meist 6 (4—7),
bis 20 mm lang, glatt, säbelig nach
oben gebogen und oft oben zusammenneigend, quirlständig, mit
2 Harzcanälen. Hypocotyles Glied
ca. 4 cm lang, grün, oft röthlich.

Primärblätter beidkantig
deutlich gesägt, grün, spiralständig,
ohne Harzcanal.

Schwache Pflanzen bilden nur
eine Endknospe am Schlusse des
1. Jahres. Stärkere auch Primär-
blatt-Achselknospen, welche noch
stärkere Pflanzen sogar austreiben.

Im 2. Jahre hat anfangs der
junge Trieb nur einfache Nadeln,
dann solche und Nadelbüschel und
schliesslich nur die letzteren (Kurztriebe), weil die Primärblättchen abgefallen sind.

Fig. 110. **Pinus silvestris.** ³/₄ nat. Gr.

Dieses 2. Jahr endet mit einer End- und 2—3 Quirlknospen.

(Abnormer Weise können sich im 2. Jahre Johannitriebe mit
Primärblättern oder Scheidenknospen zu Trieben entwickeln.)

Im 3. Jahre entwickeln sich die Quirlknospen zu Trieben,
so dass die Pflanze, die den ersten Quirltrieb zeigt, stets 3jährig ist.

Die Cotyledonen sterben im Winter ab und hängen bis Frühling
an der einjährigen Pflanze.

6*

Fig. 111.
Pinus montana.
³/₄ nat. Gr.

Pinus montana, Krummholzkiefer, Latsche.

Mit den Formen uncinata, Pumilio, Mughus.

Cotyledonen meist 5 (4—7, oft nur 3—4), bis 20 mm lang. Ganz wie Pin. silv., ganzrandig, 3kantig, blaugrün, mit sehr zarten, weisslichen Längslinien auf den 2 Innenflächen. Hypocotyles Glied grün.

Primärblättchen beidkantig gesägt.

Anfang des 2. Jahres haben die meisten Pflanzen ihre Cotyledonen verloren; es werden jetzt 2nadelige Kurztriebe gebildet.

Pinus Laricio, Schwarzkiefer.

Cotyledonen 6—8 (auch 5—10), meist 7, ca. 35 mm lang, 3kantig, wie die Primärblätter matt blaugrün, glatt, ganzrandig, quirlständig, nach oben gekrümmt.

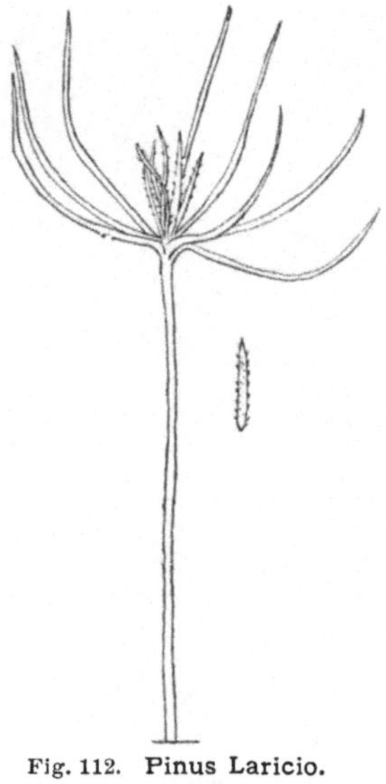

Hypocotyles Glied blaugrün bis röthlich.

Primärblätter beidkantig gezähnt.

Pinus densiflora, Dichtblüthige Kiefer.

Cotyledonen 5—7 (5—8), bis 30 mm lang, 3kantig, glatt, ganzrandig mit sehr feinen weissen Längslinien auf den Innenflächen, bläulich matt. (So lange der über den Boden gehobene Same den Cotyledonen aufsitzt, haben sie grüne, dann auch bläuliche Spitzen.)

Hypocotyles Glied grün. (Nach Luerssen meist röthlich.)

Primärblättchen beidkantig gesägt, bläulich.

Die Keimlinge von Pinus densiflora sind kaum von jenen der Pinus Thunbergii zu unterscheiden.

Fig. 112. Pinus Laricio.
³/₄ nat. Gr.
Rechts ein Primärblatt.

Pinus Thunbergii, Thunberg's Kiefer. (Nach Luerssen a. a. O. S. 262.) Der junge Keimling zeichnet sich durch 6—9, meist 7—8 grüne, glänzende und meist nur am Grunde bläulich bereifte Cotyledonen und gegenüber den sehr ähnlichen Keimlingen der Pinus densiflora durch die Färbung seines hypocotylen Stämmchens aus, das in der unteren Hälfte weiss mit leicht bläulichem Anfluge, in der oberen Hälfte hellgrün und schwach glänzend oder auch hier leicht bläulich bereift und dann bis matt erscheint.

Die Cotyledonen sind an mittelkräftigen Pflanzen bis ca. 3 cm, an starken bis 4,2 cm lang, etwa 1 mm breit, 3seitig, mit stumpflichen, völlig ganzrandigen Kanten, allmählich fein zugespitzt, grasgrün, oft etwas aufwärts, häufiger einfach sichel- oder schwach S-förmig seitwärts gebogen. Die über 40 Primordialnadeln des Jährlings sind $1^1/_2$—$2^1/_2$ cm lang, gerade, fast halbcylindrisch, zugespitzt, an den stumpfen Rändern fein gesägt, grasgrün bis bläulich grün und ziemlich glänzend.

Pinus Pinaster, Sternföhre.

Cotyledonen (7—9) 9, 28 mm lang, mattgrün, ganz glatt, ganzrandig, weisse Linien undeutlich.

Hypocotyles Glied grün; Primärblätter beidkantig deutlich gesägt, mattgrün.

Fig. 113. Pinus Pinaster. $^4/_5$ nat. Gr.

Pinus Pinea, Pinie.

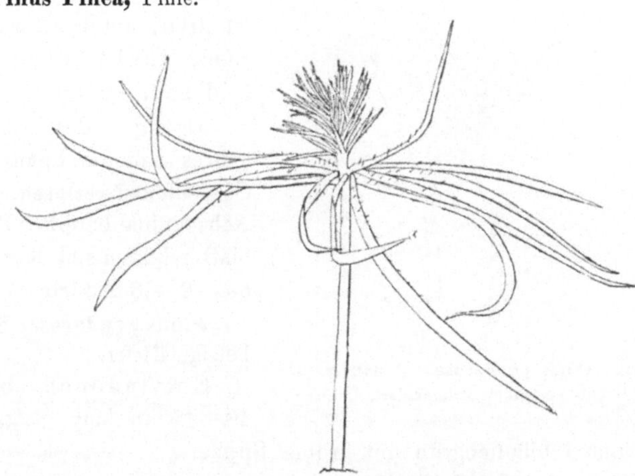

Fig. 114. Pinus Pinea. $^2/_3$ nat. Gr.

Cotyledonen 12 (10—13), zur Zeit eben sich entwickelnder Primärblätter ca. 60 mm lang. Bei der Keimung wird das Samenkorn genau der Länge nach mitten gespalten und bei leichter Deckung über die Erde gehoben. Die Innenhaut bleibt in der Samenschale hängen.

Die Cotyledonen sind grün, mit blauem Hauche überzogen, ebenso der geriefte (epicotyle) Stengel und die Primärblätter. Der Hauch lässt sich mit dem Finger abwischen. Die Cotyledonen zeigen auf den breiten Innenflächen feine weisse Längslinien.

An der Schmalkante (Innenkante) der Cotyledonen stehen in deren unterem Theile zarte hyaline Haare (bis $^3/_4$ mm lang).

Das hypocotyle Glied ist rund, dick, rein grün. Die Primärblätter erscheinen in grossen Massen (sie werden auch noch bei älteren Pflanzen gebildet) und sind mit kurzen Haaren versehen.

2. Section. Taeda, Dreinadler.

Pinus rigida, ponderosa, Jeffreyi.

Pinus rigida, Pechkiefer.

Die zarten Keimlinge zeigen 5—6 Cotyledonen von 15 bis 20 mm Länge, 3kantig. Die 3 Flächen sind ziemlich gleich breit, die Cotyledonen oft etwas gedreht, glatt, ganzrandig, die weissen Längsstreifen sind kaum sichtbar.

Fig. 115. **Pinus ponderosa.** $^3/_4$ nat. Gr.
Rechts ein Stück Primärblatt.

Das hypocotyle Glied ist grün, unten oft röthlich, rund; die Primärblätter beidkantig gesägt.

Anfang des zweiten Jahres hat die Pflanze ihre Cotyledonen verloren. In den Achseln blaubereifter Primärblätter bilden sich Kurztriebe mit (2—)3 Nadeln.

Pinus ponderosa, Schwerholzige Kiefer.

Cotyledonen bis 9, 40—42 mm lang, glatt, ganzrandig, unten bläulichgrün mit grüner Spitze.

Hypocotyles Glied bläulichgrün.

Primärblätter beidkantig gesägt.

Die Triebe der zwei- und mehrjährigen Pflanze sind unbereift, glänzend braun (gegenüber P. Jeffreyi).

Anfang des zweiten Jahres sind die Cotyledonen noch vorhanden, die junge Pflanze bildet in den Achseln von grünen Primärblättern (später trockenhäutig schuppenförmigen Primärblättchen) die 3 nadeligen Kurztriebe.

Pinus Jeffreyi, Jeffrey's Kiefer.

Cotyledonen 10, bis 50 mm lang, 3 kantig, weisse Linien kaum erkennbar, glatt, blau bereift.

Hypocotyles Glied blau bereift.

Primärblättchen beidkantig gesägt, mit scharfer Spitze. Die jungen Triebe der zwei- und mehrjährigen Pflanze mit blauweissem Hauche bereift.

3. Section. Cembra, Fünfnadler.

Pinus Cembra, Zürbelkiefer, Arve.

Cotyledonen (9—12) 10, 3 kantig, über 30 mm lang, auf der Schmalkante schwach gesägt, auf den Innenflächen mit weissen Längsstreifen, lang zugespitzt.

Die Cotyledonen legen sich oft flach, so dass sie eine Breitseite nach oben bringen und machen dadurch einen eigenthümlichen, breiten Eindruck.

Primärblätter flach, beidkantig gesägt, oben zart, weiss gestreift, unten rein grün. Stengel gelbgrün und bis Herbst braun.

Alle Theile ohne blauen Hauch.

4. Section. Strobus, Fünfnadler.

Pinus Strobus, excelsa.

Pinus Strobus, Weymouthskiefer.

Cotyledonen 8—11, 25 mm lang, 3 kantig, reingrün, matt, Innenkante etwas gesägt (oft fast ganzrandig).

Primärblättchen rein grün, beidkantig gesägt.

Fig. 116. **Pinus Cembra.**

³/₄ nat. Gr.

Links ein Primärblatt.
Rechts ein Cotyledon.

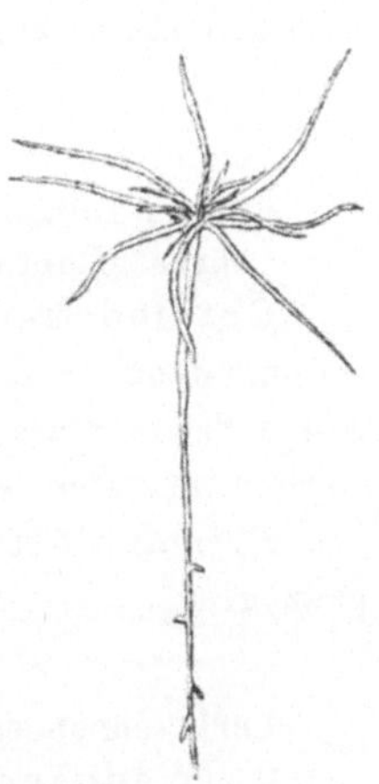

Fig. 117. **Pinus Strobus.**

⁴/₅ nat. Gr.

Pinus excelsa, Hohe Kiefer.

Cotyledonen 9—11, 30—36 mm lang, gegen die Basis mit äusserst zarten Sägezähnen versehen, Aussenfläche rein grün, Innenflächen blaugrün. Stiel blaugrün.

Primärblättchen blaugrün, beidkantig deutlich gezähnt.

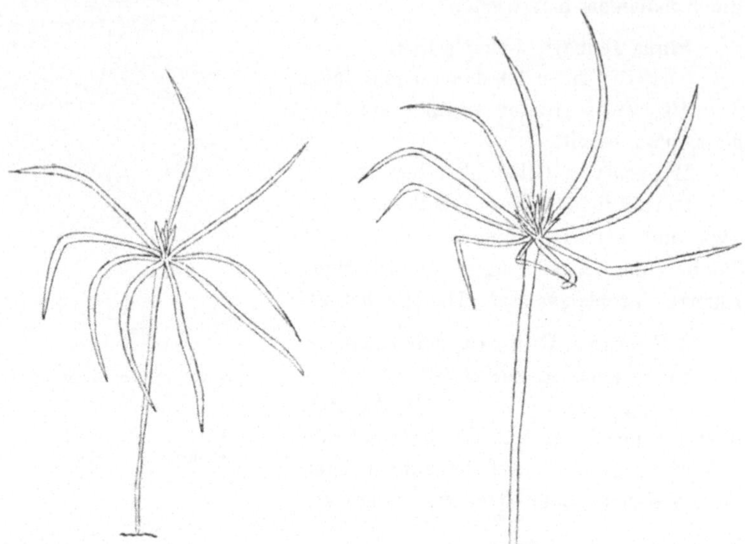

Fig. 118. Pinus excelsa. ³/₄ nat. Gr.   Fig. 119. Cedrus. ³/₄ nat. Gr.

Cedrus, Ceder.

Cedrus Libani, atlantica, Deodara.

Cedrus atlantica, Atlasceder.

Cotyledonen 8—10, 30—35 mm lang, 3kantig, jung mattgrünn, dann an den zwei Innenflächen schön blau bereift, an der Aussenfläche grasgrün, glatt. Stengel dick, roth. Die Cotyledonen sterben im ersten Herbste ab, bleiben aber noch am Stämmchen hängen.

Primärblätter besonders innen blaugrün, scharf gelbspitzig, ganz glatt.

Larix, Lärche.

Larix europaea, Lärche.

Cotyledonen 6 (4—8), 15 mm lang, 3kantig oder ziemlich flach, grün; aussen rein grün, glänzend, Innenflächen mattgrün, blau bereift, ganzrandig, glatt.

Hypocotyles Glied roth, ca. 20 mm hoch.

Primärblättchen blaugrün, ganz glatt.

Die Cotyledonen sterben im ersten Herbste ab wie ein Theil der unteren Primärblättchen, die oberen aber überwintern. In der Achsel selbst schon der untersten Primärblättchen bilden sich im ersten Jahre Knospen, die im zweiten Jahre als Kurztriebe Nadelbüschel entwickeln.

Larix leptolepis (japonica). Japanische Lärche. (Nach Luerssen a. a. O.)

Die jungen Keimlinge zeigen schon beim Hervortreten aus dem Boden den oberen Theil des hypocotylen Gliedes grünlich, den grössten unteren Theil weisslich, lassen letzteren aber in kurzer Zeit röthlich anlaufen. Etwa 4 Tage nach der Keimung ist das ganze hypocotyle Glied roth

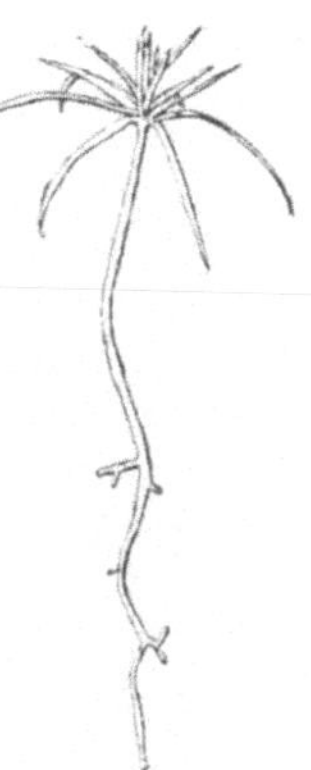

Fig. 120.
Larix europaea.
$^4/_5$ nat. Gr.

überlaufen, der untere Theil dunkelroth, der oberste röthlich-grün gefärbt. Die 5—8 (meist 6—7) Cotyledonen sind beim Hervortreten hellgrün (bei einzelnen Keimlingen mit einem Stich in's Gelbe), die Spitzen auf kurze Strecken weiss oder weisslich. Sie behalten auch später meist eine freudig grüne Farbe, sind stumpf 3 kantig, allmählich schlank aber stumpflich zugespitzt und völlig ganzrandig, sie werden ca. 18 mm lang und sterben im ersten Herbste ab, um im Frühling abgestossen zu werden.

Die Primordialnadeln werden spiralig in 3 Schrägzeilen bis zu einigen 20 entwickelt, die untersten werden bis Herbst abgestossen und lassen am nackten, strohfarbenen unteren Stammtheile (ausser am oberen, etwas angeschwollenen, die halbkreisförmige Blattnarbe tragenden Theile) die herablaufenden kaum vortretenden flachen Blattkissen erkennen.

Die Nadeln sind bis 17 mm lang und ca. 1 mm breit, linealisch mit kurzer, feiner, weicher und weisser Spitze endigend, ihr stumpfer, ganzer Rand weiss durchscheinend, die schwach convexe Oberseite bläulichgrün, die flache Unterseite jederseits zwischen dem schwach stumpfkielig vortretenden hellgrünen Mittelnerven und dem gleichfarbigen schmalen Rande mit bläulich-weisser, die Spaltöffnungen führender Längsbinde versehen. Die kräftige Endknospe ist bis 2 mm lang und $1^1/_2$ mm dick, ellipsoidisch, sehr stumpf, glänzend goldbraun; ihre wenig zahlreichen, dachziegeligen, dünnhäutigen, eiförmigen, abgerundeten und ganzrandigen Schuppen schliessen einen schon kräftig benadelten Trieb ein. Auch finden sich schon 2 bis 3 (ja 4) Seitenknospen in der Achsel von Primärblättchen. Die Blättchen im oberen Triebtheile fallen im ersten Jahre noch nicht ab.

Die späteren Nadeln zeichnen sich gegenüber Larix europaea durch blaugrüne Farbe, die Triebe durch helle gelbrothe Färbung aus.

Picea, Fichten.

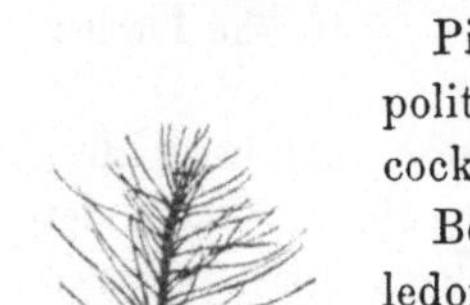

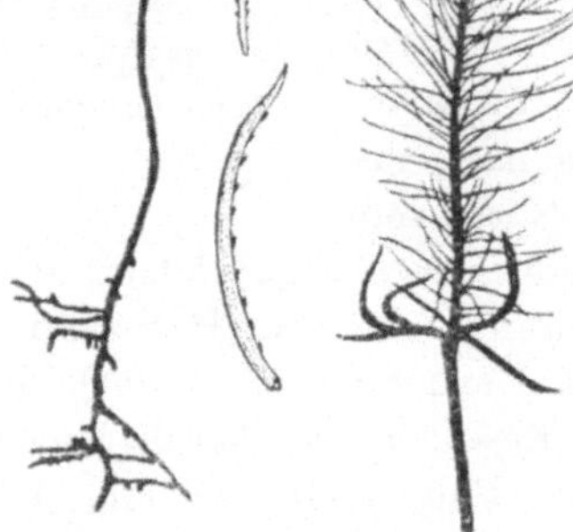

Picea excelsa, alba, orientalis, polita, Omorica, sitchensis, Alcockiana.

Bei den meisten Fichten sind Cotyledonen und Primärblättchen gesägt.

Picea excelsa, Fichte, Rothtanne.

Cotyledonen 8 (5—10), 15—17 mm lang, 3 kantig, spitz, kräftig, steif nach oben gekrümmt, an der Innenkante aufrecht sägezähnig, rein grün. An den Seitenflächen derb weiss punktirt. Sie erhalten sich bis in's dritte Jahr und fallen dann ausgesogen ab, sie sitzen quirlständig, ohne Harzkanäle.

Hypocotyles Glied grün bis später braungelb. 30—40 mm lang.

Fig. 121. **Picea excelsa.**
Links ⁴/₅ nat. Gr., rechts ³/₄ nat. Gr.
In der Mitte unten ein Cotyledon,
oben ein Primärblatt.

Primärblättchen beidkantig gesägt, sie sitzen 4zeilig. Vom vierten Jahre an beginnt die Scheinquirlbildung durch an der Spitze gehäufte Knospen.

Die Nadeln vom dritten Jahre an haben rhombischen Querschnitt und glatte Ränder.

Die Keimung ist auch hier epigeisch.

Picea alba, Weissfichte.

Cotyledonen 6, nur 13 mm lang, sehr zart und mit wenigen sehr feinen, aufrechten Sägezähnen besetzt.

Seitenflächen weiss punktirt, Aussenseite rein grün.

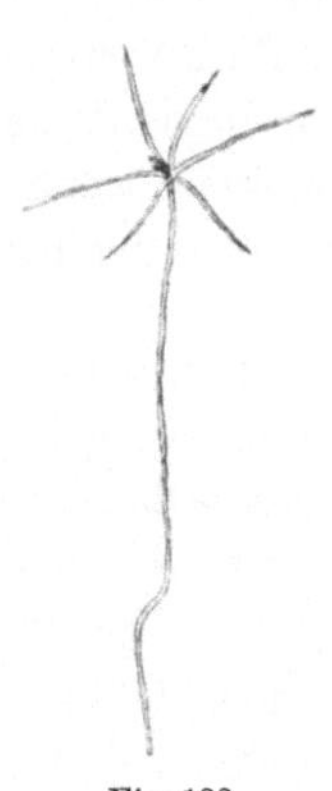

Fig. 122.
Picea alba.
⁴/₅ nat. Gr.

Hypocotyles Glied grün.

Primärblättchen mit etwas derberen Sägezähnen, die wie jene der Cotyledonen nur mit der Lupe zu sehen sind.

Picea polita, Tigerschwanz-Fichte.

Cotyledonen 5—13, 15—20 mm lang, 1 mm breit, sehr schmal dreikantig, mit feiner gelblicher Spitze, mit schwachen Sägezähnen im oberen Theile an der Innenkante (entgegen Luerssen a. a. O), mit flacher Rückenseite und feinen weissen Längspunktreihen an den Flächenseiten.

Die sehr derben und kurz hornspitzigen Primordialnadeln kürzer wie die Cotyledonen und wie die Nadeln des zweiten Jahres, schwach 4kantig mit weissen Punktreihen auf allen 4 Flächen; nur einzelne zeigen einige Sägezähne gegen die Spitze.

Das zweite Jahr schliesst mit einer grossen, sehr dicken (entgegen Luerssen a. a. O.), zugespitzten Gipfelknospe noch ohne Seitentriebe, aber mit einer Seitenknospe mit dunkleren Schuppenrändern ab.

Picea orientalis, Sapindus-Fichte.

Cotyledonen 7—9, 15 mm lang, mit einzelnen aufrechten Sägezähnen und weiss punktirten Längslinien auf den Innenflächen. Grüne Primärblättchen mit äusserst seltenen Sägezähnen an der Sitze.

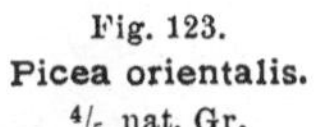

Fig. 123.
Picea orientalis.
4/5 nat. Gr.

Schwache Pflänzchen schlossen mit Cotyledonen und Endknospe, andere mit 2, 3, und bessere mit 8—9 Primärblättchen ab.

Picea Alcockiana, Alcock's-Fichte. (Nach Luerssen a. a. O.)

Die jungen Keimlinge besitzen ein bleichgrünes, einen Stich in's Gelbliche oder Röthliche zeigendes, später röthlich überlaufenes, seltener sofort röthlich-grün aus dem Boden hervortretendes hypocotyles Glied und 6—8 (meist 6—7) schön grasgrüne, an den Spitzen kaum hellere Cotyledonen, deren untere Hälfte nach Abwerfen der Testa wenig schräg aufwärts gestreckt ist, während die obere Hälfte eine leicht S-förmige oder an der Spitze leicht bogige Krümmung zeigt; sie sind

Fig. 124.
Picea Alcockiana.
9/10 nat. Gr.

11—16 mm lang und höchstens ³/₄ mm dick, stumpf dreikantig, gegen ihr Ende allmählich und zuletzt ziemlich rasch fein zugespitzt und hier auf der oberen Kante häufig mit vereinzelten undeutlichen Zähnchen versehen, gleichfarbig dunkelgrün und etwas glänzend.

Die Primordialnadeln sind 5—8 mm lang, linealisch, rasch und kurz weisslich gespitzt, oben und unten ziemlich gleichmässig convex, die beiden stumpfen Seitenkanten an den ältesten Nadeln gegen die Spitze meist nur undeutlich, an den folgenden deutlicher, an den inneren fast der ganzen Länge nach deutlich und zum Theile dem unbewaffneten Auge sichtbar scharf gesägt, alle dunkel- bis schwach bläulichgrün. Endknospe klein, kugeleiförmig, im zweiten Jahre eine End- und eine Seitenknospe.

Fig. 125.
Picea
Omorika.
⁹/₁₀ nat. Gr.

Die Nadeln sind flach, rautenförmig im Querschnitte, ihre glänzend-freudig bis dunkelgrüne, schwach und stumpf gekielte morphologische Unterseite ist ohne Spaltöffnungen, dagegen besitzt die Oberseite beiderseits neben dem schmalen, stumpfen, grünen Längskiele einen nur den schmalen und gleichfalls grünen Nadelrand freilassenden, breiten, bläulich-weiss bereiften, im Mittel fünf Spaltöffnungsreihen führenden Längsstreifen.

Picea Omorica, Omorika-Fichte.

Winzige Pflänzchen mit 6 Cotyledonen von ca. 9 mm Länge. Die beiden Innenseiten mit sehr derben weissen Punkten.

Primärblätter aussen rein grün, innen weiss punktirt. Bis jetzt Cotyledonen und Primärblätter ohne Sägezähne, die (vielleicht?) sich bei stärkeren Pflanzen entwickeln.

Picea sitchensis, Sitka-Fichte.

Cotyledonen 5; 8—9 mm lang, zugespitzt, 3kantig, unten glänzend grün, nach oben mit zarten weissen Pünktchen. Ganzrandig und glatt.

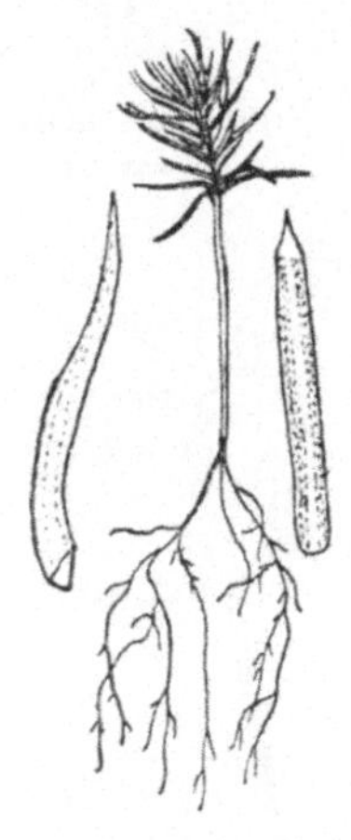

Fig. 126.
Picea sitchensis.
⁹/₁₀ nat. Gr.
Links Cotyledon, rechts
Primärblättchen von oben
vergrössert.

Primärblättchen 4kantig, mit kurz abgesetzter, fein ausgezogener Hornspitze, glatt und ganzrandig. Bildet schon im ersten Jahre kugelige, hellbraune Seitenknospen.

Tsuga, Hemlocks-Tannen.

Ts. canadensis, Ts. Sieboldii.

Tsuga canadensis, Hemlocks-Tanne.

Cotyledonen 3 bis 4, selten 5, meist 4;
8—9 mm lang, lanzettlich, mit kurzer Spitze, unten
glänzend grün, oben bläulich; oben ist der Mittelnerv sichtbar. Die Cotyledonen zeigen einen rein
grünen Rand, in dem Innentheile der Oberseite aber
weissliche Punktreihen.

Die Primärblättchen, zu 3 im Quirl, sind
mit den 3 Cotyledonen alternirend, sie sind oben grün,
unten zeigen sie 2 weisse Streifen (Tannenblatt ähnlich), sie haben nach vorn abstehende Sägezähne.
Die Nadeln der 2 jährigen Pflanze sind einfach zugespitzt, bei Ts. Sieboldii aber abgerundet!

Tsuga Sieboldii aus Japan (nach Luerssen a. a. O.
S. 329).

Cotyledonen 3; 8—11 mm lang, kurz, vorn
gerundet, oben mit weissen Punkten, unten grasgrün,
glänzend.

Primärnadeln scharf sägezähnig, oben
grün, unten mit Mittelnerv und 2 weissen
Streifen, stumpf 2 spitzig oder rund, entfernt Tannenblatt ähnlich. Die 2 jährige
Pflanze trägt noch die grünen Cotyledonen
und braune, kugelige End- und Seitenknospen ohne Seitenzweige.

Pseudotsuga, Douglastanne.

Pseudotsuga Douglasii, Douglastanne.

Cotyledonen 5—7; 3 kantig, 15—
20 mm lang, zugespitzt. Unten grasgrün
und glatt, oben mit einer Mittelkante und
beiderseits von dieser einem kaum sichtbaren weissen Streifen; ohne Harzkanäle.

Die 2 flächigen, einspitzigen, glatten,
weichen Nadeln sind oben grün und zeigen
unten 2 weisse Streifen.

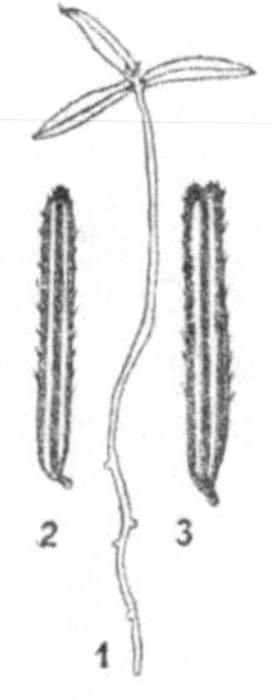

Fig. 127.
Tsuga.
4/5 nat. Gr.

1. u. 2. Tsuga
canadensis.
3. Tsuga Sie-
boldii (Nadel
von unten).

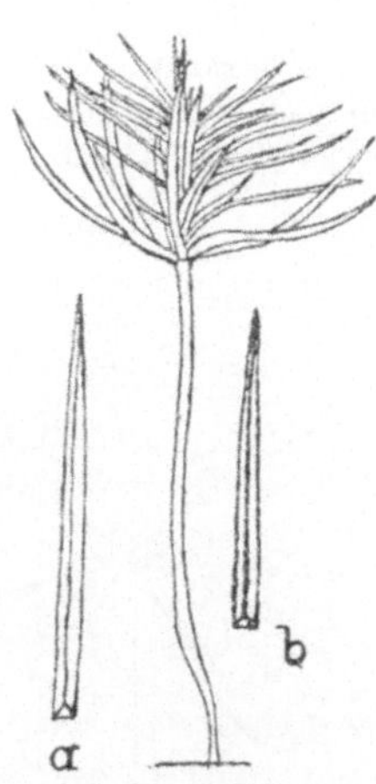

Fig. 128.
Pseudotsuga Douglasii.
9/10 nat. Gr.

a. Cotyledon, b. Primärblatt
von unten.

Die 1 jährige Pflanze schliesst mit einer spitzen, konischen, rehbraunen Endknospe (und manchmal einer Seitenknospe) ab. Die Cotyledonen sind Ende des 2. Jahres noch grün. Das Stämmchen ist mit feinen, gerade abstehenden Haaren besetzt.

Abies, Tannen.

Abies pectinata, Nordmanniana, cephalonica, sibirica, firma.

Die Tannen haben breite, sehr lange, flache, 2 kantige, einspitzige, derbe, horizontal ausgebreitete Cotyledonen mit Mittelnerv und oberseits 2 deutliche, rechts und links des Mittelnerves laufende, weisse (Spaltöffnungsreihen) Streifen. Die Nadeln tragen diese Streifen auf der Unterseite. Cotyledonen und Primärblätter in gleicher Anzahl mit einander alternirend; letztere viel kleiner als erstere.

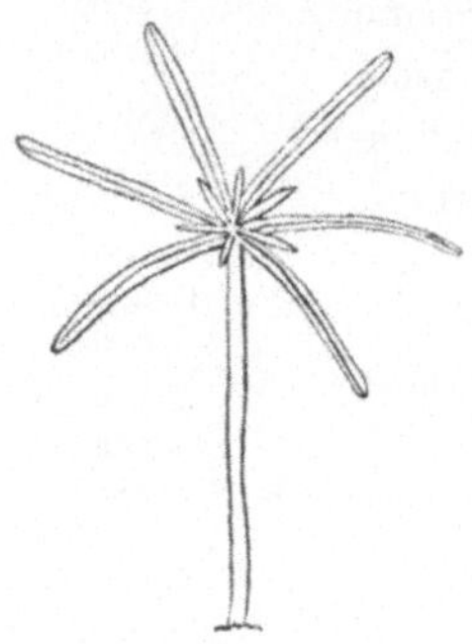

Fig. 129. **Abies pectinata.**
³/₄ nat. Gr.
Mit 6 grossen Cotyledonen
und 6 kleinen Blättchen.

Abies pectinata, Weisstanne.

Cotyledonen 5—6 (4—8); 20—30 mm lang, flach, 2 kantig, unten gewölbt, glänzend grün, oben rechts und links der Mittelrippe ein weisser Streifen; mit einer kurzen, stumpfen Spitze. Die Cotyledonen stehen horizontal im Quirl, mit ihnen alterniren in gleicher Zahl die Primärblätter. Diese sind nur 10—15 mm lang, oben grün, unten mit 2 weissen Streifen. Das hypocotyle Glied ist derb, rothbraun, ca. 40—50 mm lang. Das 1. Jahr schliesst mit einer Gipfelknospe. Im 3. Jahre bilden sich 1—2 Seitentriebe aus den Ende des 2. Jahres angelegten 1—2 Seitenknospen neben der Endknospe. Die späteren Nadeln sind 2 spitzig.

Abies cephalonica, Cephalonische Tanne.

Die Keimlinge sind kaum von denen der Abies pectinata zu unterscheiden. Die späteren Nadeln sind spatelförmig, scharf, einspitzig.

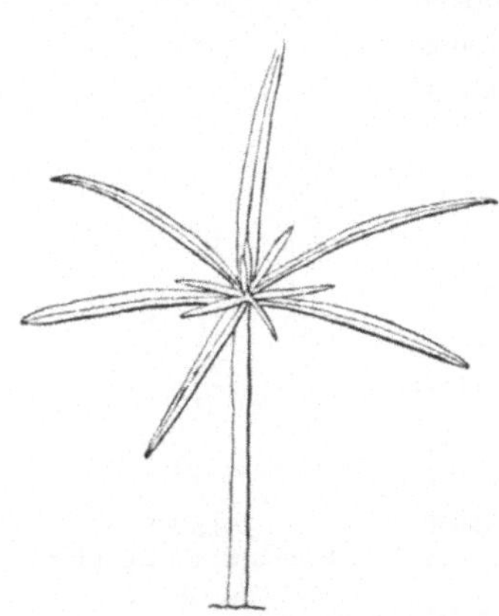

Fig. 130. **Abies cephalonica.**
³/₄ nat. Gr.

Abies Nordmanniana, Nordmann's Tanne.

Ganz wie Abies pectinata.

Abies sibirica (Pichta), Pechtanne.

Der Keimling hat nur 4 Cotyledonen von ca. 12 mm Länge und 2—2½ mm Breite, die im Laufe des 2. Jahres absterben. Die Spitze ist stumpf oder schwach gekerbt; unten sind sie glänzend grün, oben mattgrün; hier zeigt sich zu beiden Seiten des Mittelnerves ein undeutlicher, später noch mehr verwischter weisser Streifen. Im 2. Jahre bilden sich die Primärblätter und eine kugelige Endknospe; die Nadeln sind stumpf 2spitzig, oben grün, unten mit 2 weissen Spaltöffnungsreihen, nur etwa 15 mm lang und 1 bis 1½ mm breit.

Abies firma, Japanische Weisstanne (nach Luerssen a. a. O.).

Die jungen Keimlinge besitzen ein hellgrünes, hypocotyles Glied und die Cotyledonen der Jährlinge.

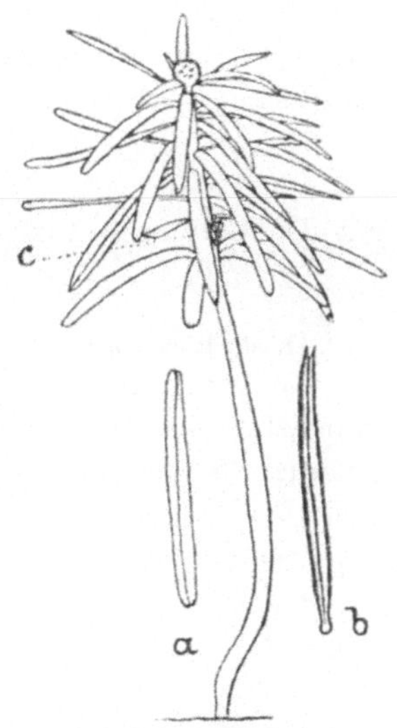

Fig. 131. **Abies sibirica.**
⁹/₁₀ nat. Gr.
2jährige Pflanze.

a. Cotyledon von oben, b. Nadel von unten, c. Knospenschuppen der im ersten Herbste gebildeten Endknospe.

Cotyledonen 4—5; 17—22 mm lang und ca. 2 mm breit, linealisch und flach, kurz, zweigespitzt. Die dunkelgrüne, schwach convexe Oberseite ist sehr schwach und stumpf gekielt, die hell- oder grasgrüne Unterseite fast flach und bisweilen gegen die Basis auch mit schwachen kielartigen Mittelstreifen versehen.

Die Primordialnadeln stehen in 1 bis 2 unter sich und mit den Cotyledonen alternirenden und meist auch gleichzähligen Quirlen. Sie sind linealisch, flach, stumpfkantig und am Ende mit einem scharfen, spitzwinkeligen Einschnitte versehen, der die Nadel kurz und scharfspitzig und leicht stechend macht. Die dunkelgrüne Oberseite der Nadeln zeigt eine schwache Mittelfurche, die Unterseite zwei breite, bläulichweisse, die Spaltöffnungen führende Längsbinden zwischen der schmalen, hellgrünen Mittelrippe und den schmalen stumpfen Rändern.

Die kräftige, bis fast 2 mm lange und dicke Endknospe des einjährigen Stämmchens ist kurz und dick, eiförmig, sehr stumpf und ihre dicht dachziegeligen, häutigen, grünlich - bis bläulich-rothen Schuppen sind stark gewölbt, breit, eiförmig, stumpf und ganzrandig. Achselknospen fehlen noch.

Taxeae

mit den Gattungen Taxus, Ginkgo.

Taxus, Eiben.

Taxus baccata, Gemeine Eibe.

Cotyledonen 2 (Th. Hartig und M. Willkomm geben irr-thümlich 6—7 an); 16—20 mm lang, derb, tannenähnlich, flach, 2 kantig, aber beiderseits reingrün, mit Mittelnerv und stumpfer oder gekerbter Spitze, ca. 40 mm über dem Boden. Ohne Harzkanäle, aber mit 6 Farbstoffgängen. Die Spaltöffnungsreihen nach oben gerichtet.

Die ersten Blättchen sind beider-seits reingrün, scharfspitzig, spiralig, zu mehreren an dem langen epicotylen Stengel, der im ersten Jahre mit einer Endknospe abschliesst. Spaltöffnungs-reihen nach unten.

Fig. 132. **Taxus baccata.**
⁴/₅ nat. Gr.

Cotyledonen von Tannen und Tsuga am Mangel der weissen Streifen, von Thujen an Derbheit und Grösse zu unterscheiden, die Primärblätt-chen vor allem an der spiraligen, selten anfangs decussirten, Blatt-stellung und dem Mangel sichtbarer Spaltöffnungsbänder.

Ginkgo, Ginkgobaum.

Ginkgo biloba (Salisburia), Echter Ginkgo.

Keimt hypogeisch. Die Schale und Haut des grossen Samens springt der Länge nach in 2 Theile, d. h. sie wird vorne gespalten.

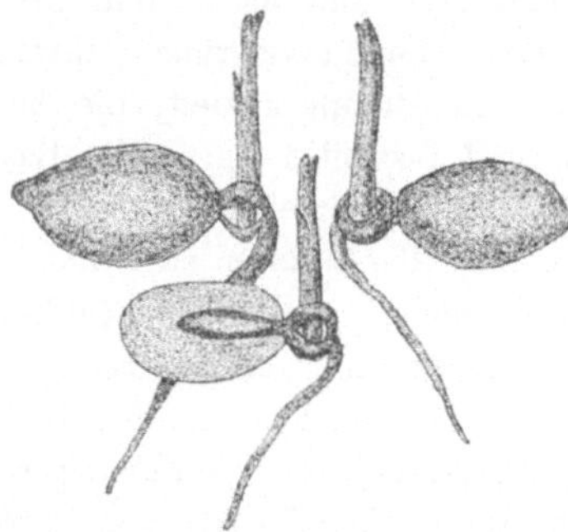

Fig. 133. **Ginkgo biloba.** ³/₄ nat. Gr.
Links mit der Samenschale, rechts ohne dieselbe, unten im Längsschnitte.

Hier dringen Würzelchen und Plumula heraus und entwickeln sich sehr üppig. In wenigen Wochen ist die derbstengelige Pflanze über spannenlang und mit einer Reihe typischer Laubblätter besetzt. Die 2 Cotyledonen bleiben im Samen unter der Erde eingeschlossen und werden hier allmählich ausgesaugt. Sie sind am Gipfel verdickt, eingeschnitten und verwachsen.

Taxodieae

mit den Gattungen: Taxodium, Cryptomeria, Sciadopitys.

Taxodium, Sumpfcypressen.

Taxodium distichum, Zweizeilige Sumpfcypresse.

Cotyledonen 6, 3kantig, mit einem Harzkanal unter dem Mittelnerv. Primärblättchen wechselständig.

Cryptomeria, Cryptomerie.

Cryptomeria japonica, Japanische Cryptomerie.

Cotyledonen 3 (selten 2 oder 4); ca. 10 mm lang, 1—2 mm breit, flach, 2 kantig, oben dunkelgrün matt, unten hellgrün glänzend, mit deutlichem Mittelnerv. (Spaltöffnungen oben nur mikroskopisch zu sehen.) Sie sind horizontal bis abwärts geneigt. Die ersten Blättchen stehen zu dreien im Quirl (bei 2 Cotyledonen zu zweien, bei 4 zu vieren) mit den Cotyledonen alternirend (die weiteren Blättchen stehen auch zu 3 in alternirenden Quirlen).

Sie sind so lang, aber

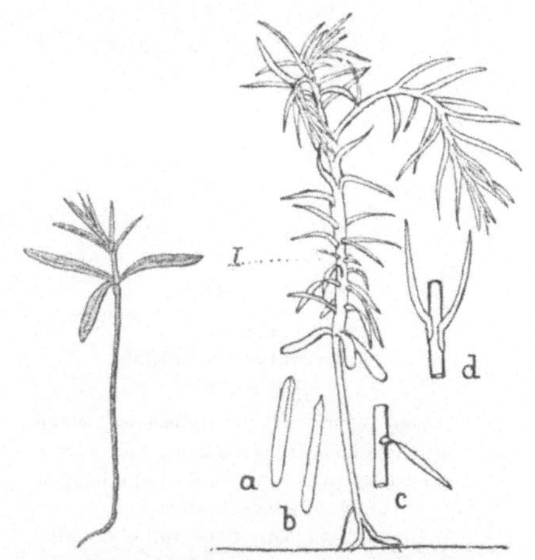

Fig. 134. **Cryptomeria japonica.** $^4/_5$ nat. Gr. Rechts 2jährige Pflanze. I. Ende des ersten Jahres. a. Cotyledon, b. Primärblättchen, c. ein solches (im ersten Jahre) am Stamm sitzend, d. ein Blatt mit herablaufender Basis. Links Keimling.

schmäler, wie die Cotyledonen, haben Mittelrippe, sind unten glänzend grün, oben matt mit 2 blauweissen Streifen. Sie sind ein-

Tubeuf.

spitzig, horizontal abstehend. Die Blättchen des ersten Jahres und Anfangs des zweiten Jahres sitzen gerade am Stämmchen an, die späteren Nadeln haben decurrente Basis.

Sciadopitys, Schirmtanne.

Sciadopitys verticillata, Japanische Schirmtanne.

Cotyledonen 2 (selten 3); ca. 15 mm lang und 2,5 mm breit, stumpf und ganzrandig, unten dunkelgrün, mit schwacher Mittelnerverhebung, oben glänzend grasgrün, die Spaltöffnungen stehen hier im Gegensatze zu den Cotyledonen der übrigen Nadelhölzer auf der Unterseite.

Primärblätter zu 2, 3 bis 4, mit den Cotyledonen einen Scheinquirl bildend, schmäler und länger wie die Cotyledonen, mit einfacher Spitze. Der 2. Jahrestrieb trägt in den Achseln von Schuppenblättern die ersten Kurztriebe (verwachsene Doppelnadeln) wie die spätere Pflanze in Quirlen und zwar meist 8, welche grösser wie die Primärblättchen, aber noch viel kleiner wie die späteren Nadeln sind. Sie zeigen 2 Spitzen und an der Verwachsungsstelle der 2 Nadeln unten eine tiefe weisse Längsfurche; oben sind sie dunkel glänzend, grün.

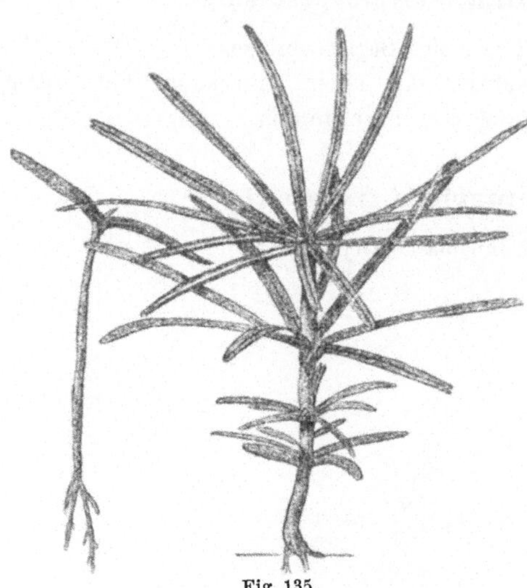

Fig. 135.
Sciadopitys verticillata.
$^2/_3$ nat. Gr.

Junge Pflanze mit 2 Cotyledonen, einem Schein-Quirl Primärblättern, und 3 Kurztriebquirlen in den Achseln von schuppenförmigen Blättern.
Die meisten Kurztriebe von oben mit Mittelnerv, im obersten Quirle links 2 solche von unten mit weissem Mittelstreifen.
Links Keimling mit 2 Cotyledonen.

Die Endknospe des ersten Jahres ist kugelig rund; bis zum 5. Jahre wurden nur Endknospen gebildet. Die Cotyledonen erhalten sich bis in's 5. Jahr.

Cupressineae.

1. Cupressineae verae mit den Gattungen: Cupressus, Chamaecyparis.

Cupressus, Cypresse.

Cupressus sempervirens, Echte Cypresse.

Cotyledonen 2; ca. 15 mm lang, unten grasgrün, glänzend, oben matt blaugrün.

Erste Blättchen nur 7—8 mm lang; erst 2, dann 4 im Quirl, horizontal abstehend, weich, glatt, weisse Streifen und Nerven nicht zu sehen. Stengel purpurroth.

Die späteren Zweige haben meist gleichgebaute Blätter, sind nicht flachgedrückt wie die Thujen etc., welche verschiedene Kanten- und Flächenblätter besitzen, sondern erscheinen 4 kantig, ohne weisse Streifen oder Flecken.

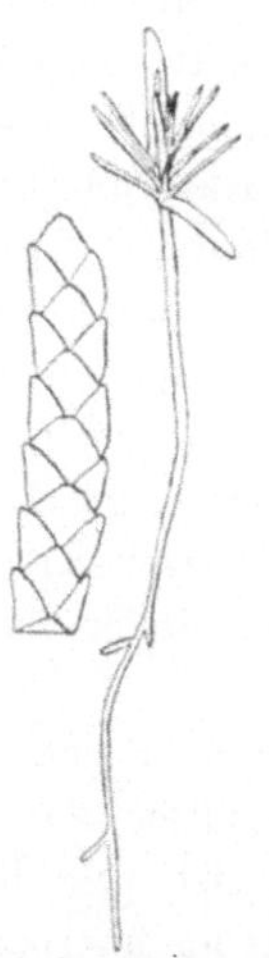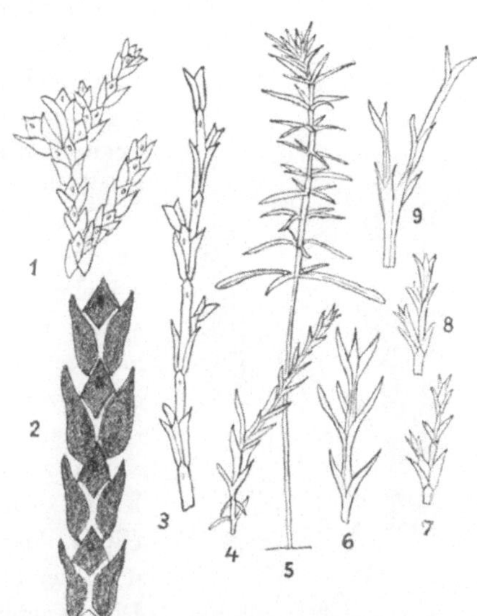

Fig. 136.
Cupressus sempervirens.
3/4 nat. Gr.
Keimling mit 2 Cotyledonen und Primärblättern.
Links ein späterer 4 kantiger Trieb mit Schuppenblättern.

Fig. 137. **Chamaecyparis Lawsoniana.** 4/5 nat. Gr.
1. Aelterer Seitenzweig; 2. ein solcher von unten, schattirt; 3. älterer Langtrieb; 4. erster Seitenzweig; 5. junge Pflanze; 6. junger Langtrieb; 7. 8. und 9. verschiedene Zweigformen.

Chamaecyparis, Lebensbaum-Cypressen.

Chamaecyparis Lawsoniana, Lawson's Cypresse.

Cotyledonen 2; 5—9 mm lang, unten glänzend grün, oben mattgrün oder blaugrün mit oben schwach sichtbarem Mittelnerv. Vorne gerundet.

Primärblättchen sehr zart, oben bläulichgrün, unten matt-grün, erst 2 mit den Cotyledonen alternirend, dann 4 und wieder 4 alternirend in Quirlen, kurz zugespitzt, unterseits mit zwei weissen Spaltöffnungsbändern. Im ersten Jahre nur einfache Nadeln.

Die späteren Nadeln der Chamaecyparis Lawsoniana sind am Haupttrieb und Seitentrieb verschieden. Am Haupttrieb decussirt, lang decurrent, die Flächenblätter mit lang ovaler Drüse. Die Seitenzweige zeigen unterseits feine weisse Linien an den Grenzen der Kanten- und Flächenblätter.

An den ersten Seitenzweigen der Jährlinge stehen die Primär-blättchen decussirt mit schwach weissen Streifen.

Chamaecyparis obtusa, Sonnen-Lebensbaum-Cypresse.

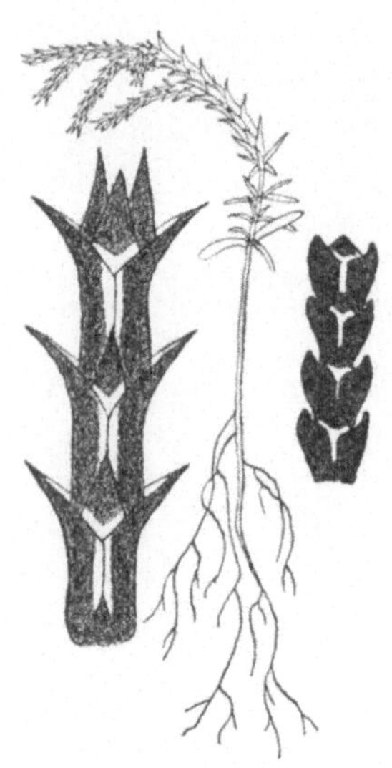

Fig. 138.
Chamaecyparis obtusa.
⁴/₅ nat. Gr.
Links Flächenblätter der 2jähri-gen Pflanze von unten, rechts solche von älteren Theilen.

Cotyledonen 2; 6—10 mm lang, $1^1/_2$—2 mm breit, flach; Mittelnerv oben kaum sichtbar, oben matt bis glänzend grün, mit nur mikroskopisch sichtbaren Spaltöffnungen, unten grasgrün. Sie ver-trocknen im zweiten Jahre.

Primärblättchen erst 2, dann 4 im Quirl; alle Quirle alternirend; die Nadeln flach, kurz und fein zuge-spitzt, oben dunkelgrün, unten hellgrün mit je einem bläulich-weissen Spalt-öffnungsband zu beiden Seiten des Mit-telnerven.

Im zweiten Jahre bilden sich bereits Kanten- und Flächenblätter aus. Der Gipfel des Pflänzchens ist von der Bil-dung der Flächenblätter an überhängend. Die Kantenblätter und Flächenblätter zeigen zwar schon die typischen weissen Streifen unterseits am Innenrande der Kanten- und unteren Rande der Flächen-blätter, die Kantenblätter sind aber lang-gestreckt und nach aussen mit langer Spitze verlaufend.

Die späteren Kantenblätter haben dagegen eine abgerundete und anliegende Spitze.

Chamaecyparis pisifera, Sawara-Cypresse. (S. Luerssen a. a. O. S. 560.)

Cotyledonen 2; ca. 5—6 mm lang, $1^{1}/_{2}$—2 mm breit, lineal, mit etwas verschmälertem Grunde sitzend, fast ganzrandig, oder gegen die Basis papillös gezähnt (Ch. obtusa ist stärker gezähnt), mit oben undeutlich sichtbarem Mittelnerv. Oben dunkel bis meist bläulichgrün mit den nur mikroskopisch sichtbaren Spaltöffnungen, unten schwach glänzend grasgrün. Sie sind Ende des zweiten Jahres noch vertrocknet am Stämmchen zu finden.

Primärblättchen 8 mm lang, 1 mm breit, sehr kurz und fein zugespitzt, ganzrandig, mit oben nur sehr schwach sichtbarem Mittelnerv, oben matt, dunkelgrün, unten heller, mit zwei deutlichen bläulich weissen Spaltöffnungsstreifen. Sie stehen zu 2 im ersten, zu 4 in den folgenden alternirenden Quirlen, welche weit von einander abstehen. Die Blättchen sind kleiner im ersten wie die im zweiten Jahre gebildeten. Der Gipfel des Ende des zweiten Jahres noch unverzweigten Stämmchens ist überhängend. Die späteren Schuppenblätter zeigen unterseits je einen basalen weissen Fleck. Die Kantenblätter haben eine scharfe auswärts gebogene Spitze.

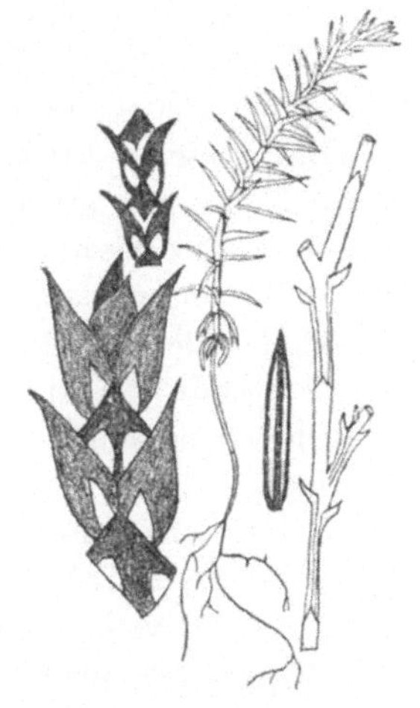

Fig. 139.
Chamaecyparis pisifera.
$^{4}/_{5}$ nat. Gr.
Junge Pflanze in der Mitte, links die späteren Schuppenblätter von unten, rechts ein Primärblatt von unten und ein älterer Haupttrieb.

2. Thujopsideae (Cupressineae).

Thuja, Thujopsis, Biota, Libocedrus.

Thuja, Lebensbaum.

Th. occidentalis, plicata, gigantea, Standishi.

Thuja occidentalis, Abendländischer Lebensbaum.

Cotyledonen 2; ca. 8 mm lang, 1 mm breit, rein grün, oben

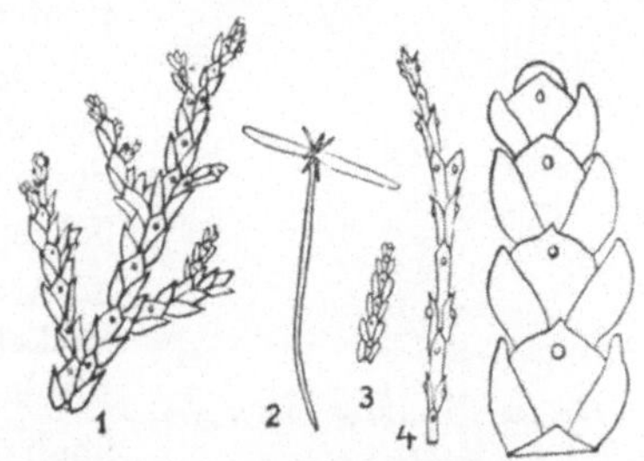

Fig. 140. **Thuja.** $^{4}/_{5}$ nat. Gr.
1. Thuja plicata. 2., 3. und 4. Thuja occidentalis. 1., 3. und der vergrösserte Trieb rechts sind Seitenzweige. 4. Haupttrieb.

matt, weiss punktirt, was mit der Loupe sichtbar ist, unten glänzend grasgrün. Mittelnerv ziemlich undeutlich.

Primärblättchen schmal, nadelförmig, grasgrün, glänzend, erst 2, dann 4 im Quirl alternirend mit den Cotyledonen und unter sich; Spaltöffnungen nicht zu erkennen. Auch im zweiten Jahre werden am Haupttrieb noch Primärblätter entwickelt.

Die späteren Zweige mit Flächen- und Kantenblättern zeigen oberseits auf den grünen Flächenblättern eine erhabene rundliche Oeldrüse. (Gegensatz zu Biota.) Weisse Linien kommen nicht vor wie bei Chamaecyparis etc.

Thuja plicata, Gefalteter Lebensbaum (siehe Fig. 140).

Cotyledonen 2; 8—9 mm lang, bis 1½ mm breit.

Unten glänzend grün, oben mattgrün mit oben sichtbarem Mittelnerv.

Primärblättchen beiderseits matt, reingrün, mit unten durch die Loupe sichtbarem Mittelnerv, scharf spitz. Erst 2, dann 4 im Quirl, wie bei voriger alternirend.

Blätter der späteren Triebe denen der vorigen ähnlich, aber breiter, regelmässiger und gedrungener.

Thuja japonica, Japanischer Lebensbaum (Th. Standishi).

Cotyledonen 2; 5—6 mm lang, 2 mm breit, vorne abgerundet mit deutlichem Mittelnerv, sie sitzen vertrocknet Ende des zweiten Jahres noch am Triebe.

Die Primärnadeln sind fast ebenso lang, wie die Cotyledonen, nach oben gerichtet, zugespitzt, zu zweien im Quirl. Die Spaltöffnungen unten kaum sichtbar. Die Quirle sitzen gedrängt über einander und sind einander decussirt. Im ersten Jahre sind sie kurz sitzend, im zweiten mit lang decurrenter Basis, dann entwickeln sich noch im zweiten Jahre Flächen- und Kantenblätter. Sie ist sehr ähnlich der Thuja gigantea, doch sind die Triebe viel breiter und flacher, die Spitzen der Kantenblätter kürzer und mehr anliegend; die Drüsenrinne auf der

Fig. 141. **Thuja japonica.**
³/₄ nat. Gr.

Rechts die junge Pflanze, links der junge Trieb mit Primärblättern und ein späterer Trieb mit Schuppenblättern.

Oberseite der Flächenblätter meist kaum sichtbar. Oben dunkel glänzend grün, unten hell matt grün mit glänzend rein grünen Blatträndern und Mittelnerv der Flächenblätter. Haupttrieb überhängend.

Thuja Menziesii (gigantea), Riesen-Lebensbaum.

Cotyledonen 2; ca. 6 mm lang und 1—1¹/₂ mm breit, breit gespitzt, oben und unten grün, Mittelnerv kaum sichtbar.

Primärblättchen erst ein Paar, darauf 4zählige Quirle. Fein zugespitzt, oben grün; Mittelnerv nur unten sichtbar, die zwei hellen Spaltöffnungsbänder mit der Loupe kenntlich. Die Blättchen stehen horizontal ab.

Im zweiten Jahre entwickeln sich schon Seitenzweige (der Haupttrieb behält noch einfache Nadeln), welche nur einige Primärblättchen, dann aber Kanten- und Flächenblätter tragen. Letztere zeigen oberseits eine feine Längsrinne; die Kantenblätter zeigen eine lange, abstehende später anliegende Spitze, beide sind oberseits dunkelgrün unten weiss bis hellgrün mit dunkleren glänzenden Blatträndern und Mittelnerv der Flächenblätter. Die weissen Flecke ähnlich wie bei Thujopsis angeordnet. Haupttrieb überhängend.

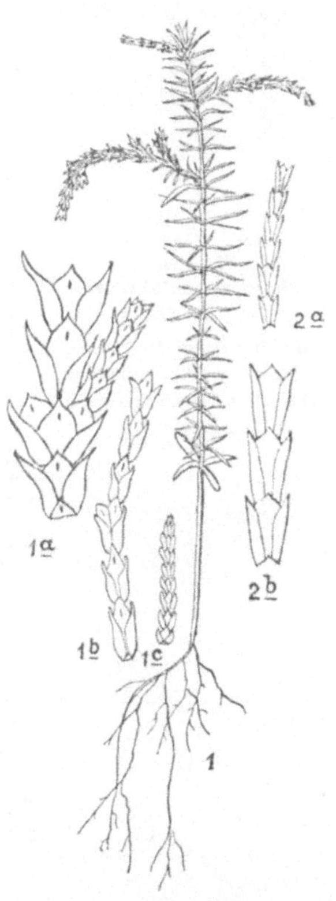

Fig. 142.
1. **Thuja Menziesii.**
⁴/₅ nat. Gr.

1. Junge Pflanze mit 2 Cotyledonen, Primärblättchen und Seitentrieben. 1 a., 1 b. und 1 c. Spätere Triebe mit Schuppenblättern.

2. **Libocedrus decurrens.**
2 a. und 2 b. Triebe mit Schuppenblättern.

Thujopsis, Hiba.

Thujopsis dolabrata, Beilblättriger Lebensbaum.

Cotyledonen 2; ca. 7 mm lang, 2—2¹/₂ mm breit, mit einem Mittelnerv, stumpfspitzig.

Primärblättchen erst 2, dann 4 im Quirl. Es werden ca. 5 bis 7 Quirle gebildet. Im zweiten Jahre stehen die Primärblättchen

Fig. 143.
Thujopsis dolabrata.
$^4/_5$ nat. Gr.

Links Uebergang der Primärblättchen in Flächenblätter,
rechts die letzteren von unten
vergrössert.

Fig. 144. **Biota orientalis.** $^4/_5$ nat. Gr.
1. Keimling. 2. Seitentrieb. 3. Haupttrieb mit
Flächen und Kantenblättern. 4. Junge Pflanze
mit Cotyledonen, Primärblättern und jungen
Schuppenblättern.

decussirt, sind dicker und stumpf, es bilden sich auch bereits Seitentriebe mit Schuppenblättern. Die Primärblättchen haben unterseits zwei weisse Streifen nahe dem Rande. Die typischen Schuppenblätter zeigen unterseits weisse Flecke, die mittleren haben oben eine vertiefte Längsrinne. Form und Anordnung der weissen Flecke ist aus der Abbildung zu sehen (zuweilen finden sich weisse Flecke beiderseits). Die Cotyledonen sind Ende des zweiten Jahres abgestorben.

Biota, Morgenländischer Lebensbaum.

Biota orientalis, Morgenländischer Lebensbaum.

Cotyledonen 2; 22—25 mm lang, 1,5—2 mm breit, oben blaugrün, matt behaucht, Mittelnerv oben sichtbar. Unten rein grasgrün, glänzend.

Erste Blättchen 2, mit den Cotyledonen alternirend, bläulichgrün behaucht, nadelförmig. Mittelnerv mit der Loupe sichtbar. Unterseits mit zwei matten, kaum erkennbaren weissen Spaltöffnungsreihen. Nächste Blättchen zu 4 in Quirlen. Die Blattgrösse wechselt nach der Ueppigkeit der Pflanzen.

Die späteren Triebe (vom zweiten Jahre an) zeigen auf den rein grünen Flächenblättern eine deutlich vertiefte Rinne. (Unterschied von Thuja occ.) Der Keimling ist von allen Verwandten an den grossen Cotyledonen kenntlich, welche während des zweiten Jahres absterben. Schon in der Achsel der zwei ersten Blättchen entwickeln sich Seitentriebe im zweiten Jahre.

Libocedrus, Flussceder.

Libocedrus decurrens, Kalifornische Flussceder.
Wurde vielfach mit Thuja Menziesii verwechselt. Die beiderseits grünen Flächenblätter sind breit, flach und haben ihre Spitzen jeweils in gleicher Höhe. Vergl. Figur 142, 2a und 2b.

3. Juniperineae (Cupressineae). Juniperus.
1. Section. Sabina: J. Sabina, virginiana.
2. Section. Oxycedrus: J. nana, communis, Oxycedrus.

Juniperus, Wachholder.

Juniperus communis, Gemeiner Wachholder.
Cotyledonen 2; spätere Nadeln schmal, spitz mit weissen Mittelstreifen nach oben.

Juniperus virginiana, Virginischer Wachholder.
Cotyledonen 2; 15 mm lang, 1—1½ mm breit, vorne abgerundet, unten glänzend grün, oben matt grün, weder Mittelnerv noch Spaltöffnungsreihen sichtbar, sehr zart. Die Cotyledonen sterben nach dem ersten Jahre ab und finden sich im Winter noch vielfach vertrocknet an den Pflänzchen.

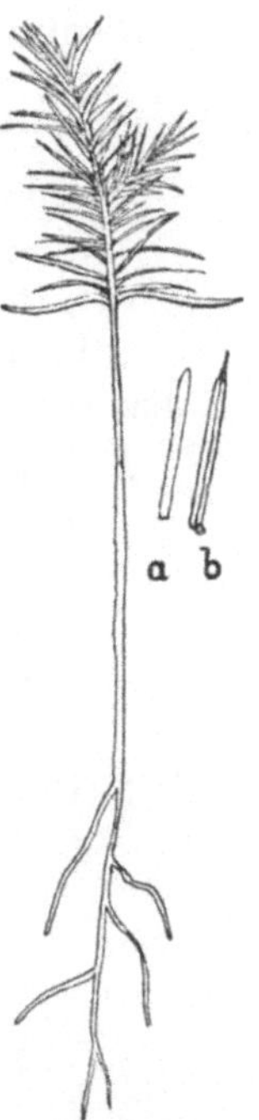

Fig. 145.
Juniperus
virginiana.
⁴/₅ nat. Gr.
a. Cotyledon.
b. Nadel von unten.

Primärblättchen erst 2, den Cotyledonen opponirt, dann 4 im Quirl, 10—12 mm lang, scharf zugespitzt, steif, stechend, ganzrandig, oben einfach mattgrün, unten mit deutlichem Mittelnerven und zwei weissen Spaltöffnungsstreifen. Schon der dritte Primärblattquirl des ersten Jahres entwickelt eine Seitenknospe.

———

Bestimmungstabelle der Nadelholz-Keimlinge *).

I. Keimlinge mit 2—5 flachen, oberirdischen Cotyledonen.

1. Keimlinge mit 2 Cotyledonen.

Diese sind im Querschnitt 2kantig, ohne sichtbare Spalt-öffnungsreihen, horizontal ausgebreitet.

Taxus, Thuja, Biota, Cupressus, Chamaecyparis, Sciadopitys, Juniperus.

A. Cotyledonen, hypocotyles Glied und Primärblättchen, grösser und derber wie bei allen folgenden. Cotyle-donen 15—20 mm lang und $2^1/_2$ mm breit; unten matt grün, oben glänzend grün, Primärblättchen nur einen Scheinquirl zu 2—4 bildend.

Sciadopitys verticillata Nr. 135.

B. Cotyledonen schmaler und zarter.

1. Cotyledonen 15—18 mm lang, ähnlich den Tannen-cotyledonen, rein grün, Primärblättchen zahlreich, spiralig, beiderseits rein grün.

Taxus baccata Nr. 132.

2. Primärblättchen zahlreich, quirlständig, mit den Cotyledonen und den nächsten Quirlblättchen alter-nirend.

a. Primärblättchen erst ein Paar, dann 4zählige Quirle.

α. Cotyledonen 22—25 mm lang.

Biota orientalis Nr. 144.

β. Cotyledonen 15—16 mm lang, oben blau-grün. Weisse Spaltöffnungsbänder der Pri-märblättchen nicht sichtbar.

Cupressus sempervirens Nr. 136.

γ. Die letzteren sehr deutlich; Cotyledonen ca. 15 mm lang, oben rein grün.

Juniperus virginiana Nr. 145.

---

*) Anm. Die beigesetzten Zahlen beziehen sich auf die Nummern der zugehörigen Abbildungen.

δ. Cotyledonen unter 10 mm Länge.

Thuja plicata, 8—9 mm Nr. 140 } Weisse Spaltöffnungsbänder
Thuja occidentalis, 8 „ „ 140 } auf der Unterseite der Primärblätter
Thuja Menziesii, c. 6 „ „ 142 } kaum sichtbar.

Chamaecyparis obtusa, c. 10 mm Nr. 138
Cham. Lawsoniana, 5—6 „ „ 137 } Weisse Bänder
Cham. pisifera, ca. 6 mm Nr. 139 } deutlicher
Thujopsis dolabrata, c. 7 mm. Nur
wenige dicke Primärblätter. Nr. 143

b. Primärblättchen, erst 1 Paar, dann 2zählige Quirle (decussirt).

Thuja japonica, Cotyledonen 5—6 mm. Weisse Spaltöffnungsbänder auf der Unterseite der Primärblättchen undeutlich. Nr. 141.

2. Keimlinge mit 3 Cotyledonen; Cotyledonen ca. 10 mm lang, rein grün. Primärblättchen zu 3 quirlständig. Oben mit 2 weissen Streifen.

Cryptomeria japonica Nr. 134.

(Tsuga canadensis, Cotyledonen 3—4, s. unter 3.)

3. Keimlinge mit 4 Cotyledonen, Primärblättchen mit 2 weissen Streifen unterseits.

a. *Tsuga canadensis*, Cotyledonen meist 4, 8—9 mm lang, rein grün, oben weisse Punktreihen, Primärblätter zu 3 im Quirl. Nr. 127.

b. *Abies sibirica*, Cotyledonen 12 mm, oben mit 2 undeutlichen weissen Streifen. Primärblätter halb so lang, zu 4 im Quirl. Nr. 131.

4. Keimlinge mit 5—6 Cotyledonen mit 2 weissen Streifen oben, Primärblätter mit 2 weissen Streifen unten. Cotyledonen und Primärblätter in gleicher Anzahl.

Abies pectinata Nr. 129 und *Nordmanniana* 20—30 mm lang; *A. cephalonica* Nr. 130, ähnlich.

Abies firma mit sehr langen, doppelt gespitzten Nadeln.

II. Cotyledonen viele (mehr als 5) oberirdisch, 3kantig im Querschnitte, spitz zulaufend, Aussenfläche gewölbt, die 2 Innenflächen gerade mit den zarten weissen Spaltöffnungsreihen. Cotyledonen meist nach oben säbelig gekrümmt oder sonst gebogen.

Primärblätter 2kantig mit gewölbter Aussenfläche, spitz zulaufend, in Büscheln erscheinend.

Pinus, Picea, Larix, Cedrus, Pseudotsuga.

1. Cotyledonen und Primärblätter ganz glatt.

Larix, Cedrus (Picea sitchensis u. Picea Omorica).

a. *Larix europaea:* Cotyledonen 6 (4—8), ca. 15 mm lang, Nr. 120. Stämmchen glatt.

b. *Cedrus atlantica:* Cotyledonen 8—10, ca. 30—35 mm lang, Nr. 119.

c. *Pseudotsuga Douglasii:* Cotyledonen 5—7, 15—20 mm lang, Stämmchen behaart, Nr. 128.

2. Primärblätter gezähnt.

Pinus, Picea (ausser bei Picea Omorica und sitchensis).

a. Primärblätter und Cotyledonen gezähnt oder behaart.

Picea (ausser P. Omorica und sitchensis) und von der Gattung Pinus die 5 - Nadler: *Pinus Cembra, Strobus, excelsa,* und *Pinus Pinea.*

α. *Picea polita:* Cot. 9—13, 15—20 mm lang, beide gesägt.

Picea excelsa: Cot. 8 (5—10), 15—17 mm lang, Cot. und Primärbl. derb gesägt, Nr. 121.

Picea orientalis: Cot. 7—9, ca. 15 mm lang, Primärbl. schwach und wenig gesägt, Nr. 123.

P. Alcockiana: Cot. 6—8, ca. 11—16 mm lang, Primärbl. schwach und wenig gesägt, Nr. 124.

P. alba: Cot. 6, ca. 13 mm lang, Cot. und Primärbl. zart gesägt, Nr. 122.

P. Omorica: Cot. 6, ca. 9 mm lang, Cot. und Primärbl. nicht gesägt, Nr. 125.

P. sitchensis: Cot. 5, ca. 8—9 mm lang, Cot. u. Primärbl. nicht gesägt, Nr. 126.

β. *Pinus Strobus:* Cot. 8—11, ca. 25 mm lang, reingrün. Ganze Pflanze und Cot. zart, Nr. 117.

P. excelsa: Cot. 9—11, ca. 30—36 mm lang, blaugrün. Ganze Pflanze und Cot. zart, Nr. 118.

P. Cembra: Cot. 9—12, ca. 30 mm lang. Ganze Pflanze und Cot. sehr derb, Nr. 116.

P. Pinea: Cot. 10—13, ca. 60 mm lang. Ganze Pflanze und Cot. sehr derb, Nr. 114.

b. Primärblätter gezähnt, Cotyledonen aber glatt, ganzrandig. Pinus, ausser den unter a angeführten.
   b. 1. gruppirt nach Cotyledonenlänge.
      Pinus rigida: 15—20 mm, Cotyledonenzahl ca.
      5—6.
      P. silvestris u. *montana:* ca. 20 mm, Cotyledonen-
      zahl (resp. 5—7 u. 3—5), Nr. 110 und 111.
      P. Pinaster: ca. 28 mm, Cotyledonenzahl 7—9,
      Nr. 113.
      P. densiflora u. *P. Thumbergii:* ca. 30 mm, Cotyle-
      donenzahl 5—7.
      P. Laricio: ca. 33 mm, Cotyledonenzahl 6—8
      (5—10), Nr. 112.
      P. ponderosa: ca. 42 mm, Cotyledonenzahl 8—9,
      Nr. 115.
      P. Jeffreyi: ca. 50 mm, Cotyledonenzahl ca. 10.
   b.2. gruppirt nach Cotyledonenzahl.
      Pinus montana: 3—5, Cotyledonenlänge ca. 20 mm.
      P. rigida: 5—6, Cotyledonenlänge 15—20 mm.
      P. silvestris: 5—7, Cotyledonenlänge 20 mm.
      P. densiflora: 5—7, Cotyledonenlänge 30 mm.
      P. Thunbergii: 7—8, Cotyledonenlänge 30 mm.
      P. Laricio: (5—10) 6—8, Cotyledonenlänge 33 mm.
      P. Pinaster: 7—9, Cotyledonenlänge 28 mm.
      P. ponderosa: 8—9, Cotyledonenlänge 42 mm.
      P. Jeffreyi: 10, Cotyledonenlänge 50 mm.

III. Cotyledonen hypogeisch,
d. h. im Samen unter der Erde eingeschlossen bleibend. Erster
Trieb mit vielen typischen Laubblättern erscheinend.

                                           Ginkgo, Nr. 133.

B. Keimlinge
der in Deutschland angebauten forstlich wichtigen
Laubhölzer.

Betulaceae. Betula, Alnus.

Die Samen sind bei allen Betulaceen, ja sogar Amentaceen
ohne Eiweisskörper*). Die Cotyledonen klein, flach, einfach, durch
Streckung des hypocotylen Gliedes über den Boden gehoben.

Betula verrucosa und **pubescens,** Birke.

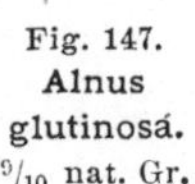

Fig. 146.
Betula
verrucosa.
⁹/₁₀ nat. Gr.

Keimpflanze nur sehr klein und zart, Cotyledonen 2; 5—10 mm überm Erdboden.

Cotyledonen stecknadelknopfgross, oval, deutlich
gestielt, kahl, oben grün, unten roth; von den ersten
Blättern erscheint erst eines, dann ein zweites,
3—5 lappig, grün und wie der Stiel oberhalb der Cotyledonen stark behaart.

Alsbald erscheinen bei der in der Jugend ebenfalls
behaarten B. verrucosa auf Blättern und Stengeln klebrige,
erhabene Pünktchen, welche der Betula pubescens fehlen. Die
späteren Blätter der B. verrucosa sind kahl und spitz, die von
B. pubescens haarig und mehr abgerundet.

Alnus glutinosa und **incana,** Erle.

Keimpflanzen wie bei Betula, zart und klein.
Cotyledonen 2; 10 cm überm Boden, 6—7 mm
lang, linsengross, ganzrandig, deutlich gestielt, oval,
oben matt dunkelgrün, unten glänzend grasgrün.

Erste Blätter glatt, derbgesägt, zugespitzt,
am Rande mit kurzen Haaren besetzt. Sie erscheinen
einzeln nach einander.

Fig. 147.
Alnus
glutinosá.
⁹/₁₀ nat. Gr.

Die späteren Blätter von Aln. glutinosa sind
vorne abgestutzt, drüsig, die von Aln. incana in eine
Spitze ausgezogen und grau, flaumhaarig.

---

*) Bei Betula ist im Samen ein hautartiges Endosperm vorhanden.

Corylaceae Corylus, Carpinus, Ostrya.

Samen wie bei allen Amentaceen ohne Eiweiss, Cotyledonen fleischig, dick, ölreich, Keim klein, Samenhaut dünn.

Corylus Avellana, Haselnuss.

Die Cotyledonen sind sehr gross, weiss, dick, ölreich, sie bleiben in der Fruchtschale bei der Keimung eingeschlossen und werden nicht über den Boden gehoben. Aus der Steinschale schiebt sich die Plumula, es entwickelt sich nach oben das hypocotyle Glied, nach unten das Würzelchen. Die Cotyledonen werden allmählich ausgesogen, d. h. ihrer Reservestoffe beraubt und lösen sich von der Pflanze ab. An der äusseren Seite der Cotyledonen zeigen sich 2 gelbe Wulste (rudimentäre Nebenblätter), welche ebenfalls in der Erde bleiben. Der Keimling ist an den typischen Haselnussblättern und den im Boden zu findenden Haselnussschalen zu erkennen.

Carpinus Betulus, Hainbuche.

Keimlinge kräftig, Cotyledonen über die Erde gehoben. Cotyledonen 2, kurz gestielt, an der Basis in 2 rückwärtige Lappen auslaufend, nach der Spitze sich verbreiternd, dort abgerundet, im Ganzen verkehrt eiförmig, ganzrandig, dick lederig, oben und unten durch die derbe und feinverzweigte Nervatur runzelich, unbehaart. Oben grün, unten weissgrün.

Die ersten Blätter stehen 2zeilig mit kleinen Afterblättchen. Sie sind unbehaart und lassen das typische Hainbuchenblatt erkennen. Die jungen Triebe zeigen einige Borstenhaare.

Fig. 148.
Carpinus Betulus.
$^4/_5$ nat. Gr.

Cupuliferae. Quercus, Fagus, Castanea.

Die Cotyledonen sind sehr gross, bei Kastanie und Eiche stärkereich und in der Erde bleibend, bei Fagus ölreich und über den Boden gehoben. Keim nur klein, mit der Radicula gegen die Fruchtspitze orientirt.

Quercus pedunculata und **sessiliflora,** Eiche.

Die Fruchtschale platzt bei der Keimung an der Spitze auf, so dass die Knospe sich durch den Boden nach oben, die Wurzel sich nach unten entwickeln kann, während die stärkemehlreichen, grossen, planconvexen Cotyledonen fest in der Schale eingeschlossen, allmählich ausgesogen werden; sie bleiben bis zum 3. Jahre mit der jungen Pflanze verbunden und verschwinden dann allmählich.

Die verschiedenen Eichenarten sind an den sich in der Mehrzahl alsbald entwickelnden typischen Blättern und den Knospen zu erkennen. Von unseren beiden Eichen ist nach Willkomm sessiliflora im ersten Jahre nur halb so gross wie Qu. pedunculata und gedrängter belaubt.

Der oberirdische Trieb der Eichen bildet erst spiralig gestellte trockenhäutige Schuppen mit schlafenden Achselknospen, dann 2 solche nebeneinander und dann zwei als typische Nebenblätter ausgebildete mit einem Laubblatt; die Blätter, deren im ersten Jahre mehrere, ca. 5 gebildet werden, stehen fünfzeilig. Q. Cerris ist an grob dreieckig gesägtem Blattrand und den lang fadenförmigen Nebenblättern zu erkennen.

Fagus silvatica, Rothbuche.

Die Fruchtschale springt gegen die Spitze zu längs den Kanten auf, so dass die Radicula heraustreten kann. Das sich entwickelnde hypocotyle Glied hebt die Frucht, in der noch die Cotyledonen eingeschlossen sind, über den Boden, bis diese sich ausbreitend die Fruchthülle abwerfen. Die 2, seltener 3 Cotyledonen liegen eigenthümlich gefaltet im 3 eckigen Samen.

Das hypocotyle Glied ist sehr kräftig, die Cotyledonen sitzen 60 mm überm Boden, sie sind sehr gross, flach, halbkreisförmig, jeder ist 14—25 mm lang, 25—40 mm breit, sie sind lederig, oben grün, unten weiss, sie besitzen mehrere verästelte Haupt-

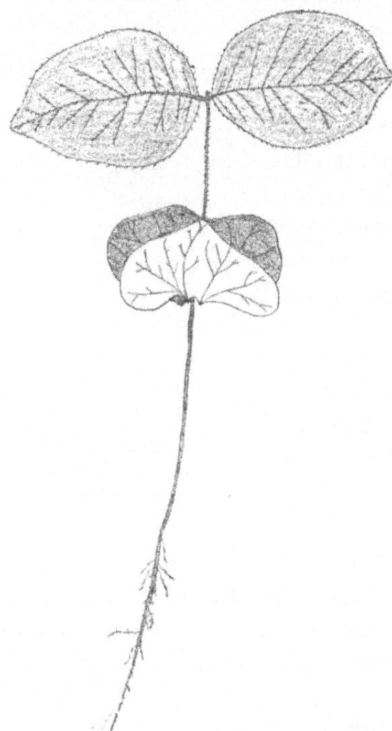

Fig. 149. **Fagus silvatica.** ½ nat. Gr.

nerven von der Basis gegen die Peripherie laufend; sie sind ganzrandig, der Rand grobwellig.

Die ersten Blätter typiscb, den Cotyledonen gegenständig und flaumig behaart wie der Stengel.

Castanea vulgaris, Zahme Kastanie.

Die Fruchtschale platzt in der Erde an der Spitze auf, so dass Knospe und Würzelchen heraustreten und sich entwickeln können. Die 2 grossen, stärkereichen Cotyledonen bleiben in der Schale im Boden eingeschlossen und werden da allmählich ausgesaugt. Das erste Blatt ist ganzrandig. Die Keimlinge sind leicht an den sich alsbald entwickelnden typischen, grobgesägten Blättern zu erkennen.

Juglandeae. Juglans, Carya.

Samen wie bei allen Amentaceen ohne Eiweiss.

Die 2 Cotyledonen sind gross und ölreich, oft geniessbar, sie sind eigenthümlich gefaltet, der Schale eng anliegend und von der dünnen Samenhaut bekleidet; der Embryo ist nur klein, keilförmig.

Juglans, Nuss.

Bei der Keimung springt die Steinschale (Endocarp) entsprechend der sie halbirenden Furche auf, so dass sich die junge Pflanze entwickeln kann, wobei die Cotyledonen in der Schale eingeschlossen im Boden bleiben und nur ausgesogen werden.

Die Juglansarten sind leicht an den im Boden zu findenden Schalen und den ersten, typischen Blättern zu erkennen.

Juglans regia hat grosse Cotyledonen, J. nigra kleine rundliche, J. cinerea kleine längliche.

Die Blätter von Juglans regia sind glatt, aromatisch duftend, die Fiederblätter von Juglans nigra oben glatt und unten behaart, die von Juglans cinerea beiderseits behaart.

Die Form der Cotyledonen ist auch dadurch verschieden, dass Juglans regia- und cinerea-Früchte 2 Scheidewände, J. nigra aber 4 Scheidewände besitzen.

Carya, Hickory.

Die Fruchtschale bleibt, wie bei Juglans, im Boden.

Carya alba, Kern (Cotyledonen) gross und schmackhaft.

C. tomentosa, Kern klein (dickschalige Nuss).

C. amara, Kern gross, bitter (dünnschalige Nuss).

C. porcina, Kern klein (dickschalige Nuss).

Salicineae. Salix, Populus.

Da die leichten, kleinen Samen nur zum geringen Theile keimfähig sind, sehr bald ihre Keimfähigkeit verlieren und Weiden und Pappeln künstlich nur durch Stecklinge vermehrt werden, sieht man selten ihre kleinen Keimlinge.

Die dünnschaligen Samen haben geraden Keim und kein Endosperm. Die Cotyledonen haben verkehrt eiförmig bis ovale, nur ca. 4 mm lange, kurzgestielte Cotyledonen.

Nach Nobbe erscheint die junge Pflanze der Pappeln mit kleinen, fleischigen, gestielten Samenlappen, welche an der Basis geradlinig, fast senkrecht auf die Richtung des Stieles abgeschnitten sind, und beiderseits etwas pfeilförmig nach aussen gezogene Zipfel haben.

Moreae, Morus, Maclura.

Morus alba, Maulbeerbaum.

Same mit Eiweisskörper, in dem der Keimling gekrümmt liegt. Die Cotyledonen bleiben in der Samenhülle, bis sie das Sameneiweiss aufgesogen haben; die Cotyledonen sind 8—9 mm lang, oben dunkelgrün, unten hellgrün, sie verschmälern sich allmählich in das Stielchen, sie besitzen eine schwache Nervatur, einen Mittelnerv mit einigen Seitennerven.

Fig. 150.
Morus alba.
⁹/₁₀ nat. Gr.

Die ersten Blättchen sind gekerbt, zeigen einen Mittelnerv mit Seitennerven, wie der Stiel schwache Behaarung (besonders am Rande sichtbar). Mit der Loupe erkennt man in ihnen durchsichtige Punkte.

Maclura aurantiaca, Osagendorn.

Die 2 rundlich-elliptischen Cotyledonen sind von 17 mm Länge und 9 mm Breite mit 1 Mittelnerv und derben, fast parallelen Seitennerven; sehr dick, oben dunkelgrün, unten heller.

Die ersten Blättchen sind hellgrün, ganz, haarspitzig, haben Mittelnerv mit Seitennerven, der Blattrand und Stiel zeigt sich mit der Loupe stachelhaarig.

Ulmaceae, Ulmus, Celtis, Zelcova.

Ulmus montana (campestris), glabra (suberosa), effusa, Ulme.

Same ohne Endosperm, Keim gerade, Keimling mit 2 Cotyledonen, die in ihrer Form jenen von Carpinus Betulus ähneln; sie

sind verkehrt eiförmig, gestielt, mit 2 basalen Aus-
zackungen, ohne Stiel 17 mm lang und fast eben
so breit, sie sind dick, fleischig, oben grün, unten
weisslich, sie lassen eine Nervatur nicht oder nur
kaum und nur oberflächlich erkennen, sind oben
schwach behaart und sind ganzrandig.

Die ersten Blättchen sind fast sitzend, zeigen
Mittelnerv mit Seitennerven, sind wie der Stengel rauh
behaart, grob gesägt, zugespitzt, stehen alternirend.
Die Blätter vom 2. Jahre an stehen zweizeilig.

Die Cotyledonen fallen nach einigen Wochen ab.

Celtis australis, Zürgelbaum.

Same mit Endosperm und mit
hakenförmig gekrümmtem Keim. Cotyledonen ca. 8 cm überm Boden,
länglich, vorne in 2 Lappen getrennt,
in die der sich gabelnde Mittelnerv
ausläuft. Sie sind gestielt, oben
dunkel-, unten hellgrün, schwach
glänzend, glatt, zeigen 2 mal eine
schwache Querknickung. In der Mitte
vom Stiel bis zur Gabelstelle sind sie
17 mm lang, 14 mm breit.

Erste Blättchen lang, schmal,
zugespitzt, gesägt, behaart wie der
Stengel.

Zelkova Keaki (Luerssen a. a. O.
S. 573).

Cotyledonen 2, etwas verschieden gross, ca. 8 mm lang, 6 mm

Fig. 151. **Ulmus.**
$^4/_5$ nat. Gr.

Fig. 152. **Celtis australis.**
$^2/_3$ nat. Gr.

Die Stelle der Knickung ist auf der
Unterseite des rechten Cotyledons
durch eine Linie angedeutet.

breit, fleischig, oben dunkel, unten hellgrün, verkehrt eiförmig,
am Scheitel stets ziemlich kräftig ausgerandet und hier daher kurz-,
abgerundet- und bisweilen etwas ungleich-zweilappig. Am Grunde
sind sie in Folge eines tiefen Einschnittes kräftig zweiohrig. An-
fänglich fast sitzend, umfassen sie das hypocotyle Glied mit den
basalen Ohren vollständig; später, wenn das kurze Stielchen der
Keimblätter bis zu ca. 1 mm Länge herangewachsen ist, krümmen
sich die Oehrchen bogig nach unten und rückwärts. Das Keim-
blattstielchen ist wie das hypocotyle Glied behaart; der Rand und

die Oberseite, weniger die oft nur am Grunde deutlich behaarte Unterseite der Cotyledonen sind von äusserst kurzen, abstehenden Härchen etwas rauh; die fiederig-netzige Nervatur der Keimblätter ist meist nur bei durchfallendem Lichte deutlich.

Die Laubblattpaare sind wie die späteren Blätter ausgebildet.

Von Ulmenkeimlingen sind die der Zelkova dadurch zu unterscheiden, dass die Cotyledonen nicht wie dort an der Spitze abgerundet, sondern eingebaucht sind und dass die länger gestreckten Blättchen nur behaart, nicht drüsig punktirt erscheinen.

Plataneae, Platanus.

Platanus occidentalis und orientalis, Platane.

Same mit geringem Endosperm.

Fig. 153.
Platanus
occidentalis.
$^9/_{10}$ nat. Gr.

Keim, mit dem Würzelchen der Fruchtknotenbasis zugewendet, trägt zwei kleine, schmal lanzettliche Samenlappen, welche deutlichen Mittelnerv zeigen, 12 mm lang, 2 mm breit, zugespitzt, sitzend und oben glänzend grün sind. Ist leicht durch Stecklinge zu vermehren.

Die ersten Blättchen erscheinen einzeln, sind ganz, lang oval, mit kurzspitzigen Sägezähnen, Mittelnerv und Seitennerv. Erst spätere Blättchen zeigen deutliche Ahornblattform.

Fig. 154.
Liriodendron
tulipifera.
$^2/_3$ nat. Gr.

Magnoliaceae,

Liriodendron. Same mit Endosperm.

Liriodendron tulipifera, Tulpenbaum.

Cotyledonen fleischig, lanzettlich, keilförmig zugespitzt, mit schwach sichtbarem Mittelnerv, allmählich in den Stiel verschmälert, oben dunkelgrün glänzend, unten mattgrün hell, 15 mm lang, 6 mm breit.

Erste Blättchen rund, fiedernervig, an der Spitze etwas abgestutzt.

Berberideae. Berberis.

Berberis vulgaris, Berberize. Same mit Endosperm.

Cotyledonen 2, zungenförmig, ca. 10—13 mm lang, 4—6 mm breit, vorne abgerundet, mit Mittelnerv und zarten Fiedernerven, oben matt, dunkelgrün, unten glänzend, grasgrün; sie verschmälern sich allmählich zu aufrecht gerichteter, anliegender Basis.

Die ersten Blättchen erscheinen einzeln, sind rundlich, fiedernervig, mit fein ausgezogenen Spitzen um den ganzen Blattrand. Der unterirdische Stengel ist gelb gefärbt.

Tiliaceae. Tilia.

Tilia grandifolia und **parvifolia,** Linde.

Same mit bedeutendem, ölreichem Endosperm.

Keim gerade, Cotyledonen zweimal geknickt im Samen liegend.

Cotyledonen gross; 40 mm überm Boden, verschieden stark, handförmig gelappt und hierdurch von allen anderen leicht zu unterscheiden.

Erste Blättchen ähnlich jenen des Bergahorn, mit einer stumpfen Spitze und 2 oder 4 groben Vorsprüngen, Mittelnerv mit Seitennerven. Von der eingezogenen Basis entspringen ausser dem Mittelnerv noch 4 derbere Nerven.

Fig. 155.
Berberis vulgaris.
$^3/_4$ nat. Gr.

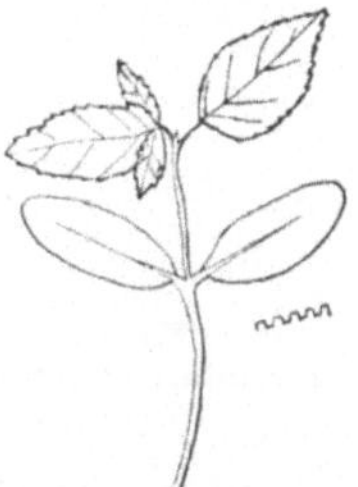

Fig. 157.
Ptelea trifoliata.
$^4/_5$ nat. Gr.
Rechts unten der Cotyledonenrand, vergrössert.

Fig. 156. Tilia. $^3/_4$ nat. Gr.

Rutaceae (Terebinthinae). Ptelea.

Ptelea trifoliata, Lederbaum.

2 Cotyledonen, kurz gestielt, oval-länglich, 15 mm lang, 5—6 mm breit, mit Mittelnerv, der etwas vertieft liegt; seitliche

Nerven kaum noch zu erkennen. Rand regelmässig mauerzinnen-
förmig gekerbt. Sie sind wie die ersten Blättchen dicht mit durch-
sichtigen Punkten besetzt.

Erstes Blättchen ganz, zugespitzt, zweites 3 theilig mit einem
grossen Hauptblatt und zwei kleineren, seitlichen. Alle mit Mittel-
und Seitennerven, mit ungleich gesägtem
Rande. Cotyledonen und Blätter rein grün.

Simarubeae (Terebinthinae). Ailanthus.

Ailanthus glandulosa, Götterbaum.

2 Cotyledonen, verkehrt eiförmig,
18 mm lang, 14 mm breit, mit sehr langen,
erst gegen das Ende sich gabelnden Nerven,
die vom Mittelnerv entspringen und diesem
fast parallel laufen. Die Cotyledonen sind
mit einem 5 mm langen Stiele versehen.

Erste Blättchen gestielt, aus 3 spitz
zulaufenden Blättchen bestehend, von denen
das mittlere (Haupt-) Blatt über 20 mm lang
und 10 mm breit ist, die an der Basis derselben rechts und links entspringenden dagegen nur 10—12 mm lang sind. Alle 3
zeigen einen deutlichen Mittelnerv, von dem
kurze Seitennerven zum Rande führen.

Fig. 158.
Ailanthus glandulosa.
³/₄ nat. Gr.

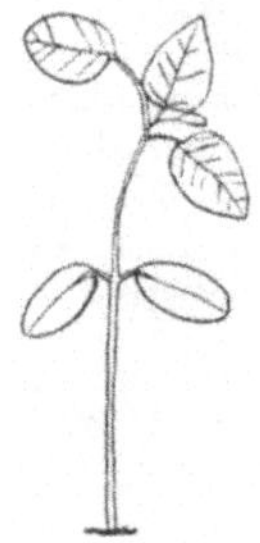

Terebinthaceae (Terebinthinae). Rhus.

Rhus Cotinus, Perückenstrauch.

Cotyledonen sehr klein, oval, 8 mm lang,
4 mm breit, gestielt, Stiel 2 mm lang; C. glatt, kahl,
oben dunkel-, unten hellgrün, vom Mittelnerv durchzogen.

Erste Blättchen ganz, eiförmig, sehr klein, mit
Mittelnerv, von dem unten parallele Seitennerven nach
dem Blattrande abgehen, glatt, kahl; sie lassen die
typische Blattform schon erkennen.

Fig. 159.
Rhus Cotinus.
⁴/₅ nat. Gr.

Sapindaceae (Aesculinae). Aesculus, Pavia.

Aesculus Hippocastanum, Rosskastanie. Same ohne Endosperm, stärkereich.

Keim gekrümmt; das Würzelchen steckt in einer Röhre der Samenschale. Die Samenschale bleibt bei der Keimung geschlossen, nur die Knospe und das Würzelchen bohren sich heraus und entwickeln sich, während die grossen, stärkereichen Cotyledonen innerhalb der Samenhülle, unter der Erde bleibend, ausgesogen werden. Hierher gehören noch: Aesc. carnea, Pavia flava, rubra, glabra.

Alle sind an den typischen ersten Blättern und den grossen Knospen zu erkennen. Aesculus hat gestielte, Pavia sitzende Blättchen.

Acerineae (Aesculinae), Acer.

Same ohne Endosperm, Cotyledonen schon im Samen grün. Die Cotyledonen liegen im Samen quer gerollt oder geknickt, nach dem einen Rande einwärts gebogen. Das Würzelchen ist anliegend.

Bei der Keimung schiebt sich das Würzelchen am Rücken des Flügels meist beim oberen Samenrand heraus. Die Cotyledonen, und zwar bei leichter Deckung mit der Frucht, werden in die Höhe gehoben und letztere abgeworfen, wenn sich die Cotyledonen entfalten.

Acer platanoides, Spitzahorn.

Die Cotyledonen sind lang und schmal, an der Spitze abgerundet, an der Basis stielartig verschmälert, ca. 35 mm lang und 9 mm breit, oben dunkel, unten hellgrün, mit 3 von der Basis ab parallellaufenden Nerven (Unterschied von den einnervigen Eschen - Cotyledonen), sie sind dick, fleischig und fallen nach einigen Wochen, nach Entwickelung der ersten Blättchen ab. Sie zeigen eine oder einige Querknickungen (Unterschied von A. Pseudoplatanus).

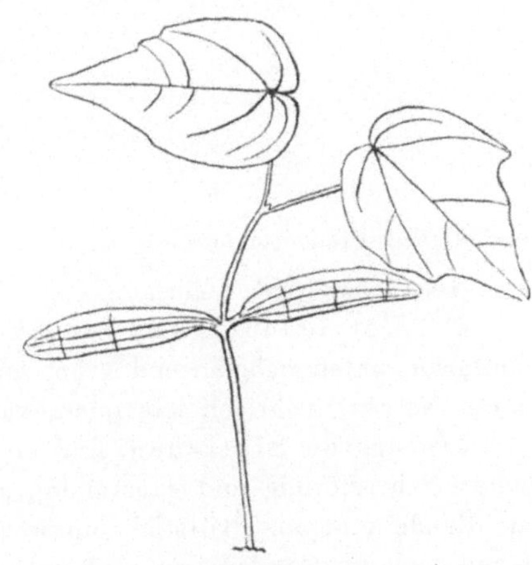

Fig. 160. **Acer platanoides.** ²/₃ nat. Gr.

In ihrer Achsel stehen 2 Knospen, welche nach ihrem Abfalle sichtbar werden.

Die 2 ersten Blätter sind gestielt, sie stehen gegenständig und mit den Cotyledonen alternirend, sie haben 5 Hauptnerven, eine feine Spitze und seitlich 2 kleine Höcker (die Lappen der späteren Blätter), sie sind glatt, nackt, oben dunkel, unten hellgrün.

Das 2. Blattpaar zeigt schon die 5 typischen Lappen.

Acer Pseudoplatanus, Bergahorn.

Die Cotyledonen sind im Samen gerollt.

Sie zeigen keine Querknickungen, sondern sind glatt.

Die ersten Blättchen sind kahl, gestielt, ohne Lappen, der Blattrand gekerbt, gesägt.

Fig. 161. **Acer Pseudoplatanus.** $^1/_2$ nat. Gr.   Fig. 162. **Acer campestre.** $^2/_3$ nat. Gr.

Acer campestre, Feldahorn.

Die Cotyledonen sind ca. 30 mm lang, 7 mm breit, oben mattgrün, unten hellglänzend grün, mit 3 parallelen, schwach sichtbaren Nerven, mehrfach fein quergeknittert, kurz breit gestielt.

Die ersten Blättchen sind eiförmig, zugespitzt, am Grunde schwach herzförmig und ganzrandig, auf den Nerven der Unterseite, am Rande und am Blattstiel fein weisslich behaart, das hypocotyle Glied und die Cotyledonen sind unbehaart.

Acer tataricum, Russischer Ahorn.

Cotyledonen lang, verkehrt eiförmig, mit abgerundeter, breiter Spitze und sich fein zuspitzender Basis, 16—17 mm lang, an der breitesten Stelle 8 mm breit, mit 3 deutlichen, von der Basis auslaufenden Nerven.

Erste Blättchen paarweise mit ganzem, grobgesägtem Rande, fein zugespitzt, handnervig.

Celastrineae (Frangulinae), Evonymus.

Evonymus europaeus, Pfaffenkäppchen.

Same mit bedeutendem Endosperm. Keim gerade.

Cotyledonen lang, verkehrt eiförmig mit breiter, abgerundeter Spitze und sich bald sehr fein zuspitzender Basis, mit schwach sichtbarem Mittelnerv, 15—16 mm lang; die grösste Breite 9 mm.

Erste Blättchen schmal und lang mit schwach gekerbtem Rande.

Staphyleaceae (Frangulinae).
Staphylea.

Endosperm dünn, Keim gerade, grün.

Staphylea pinnata, Pimpernuss.

Die Cotyledonen sprengen die Pimpernuss halbirend in zwei getrennte Theile auseinander.

Die Cotyledonen sind sehr dick, fleischig, planconvex, wellig verbogen mit schwach sichtbarem Mittelnerv, sie sind an der Spitze durch den häutigen, braunen Rest des Endosperms fest zusammengehalten, so dass sich die Pflanze mühsam zwischen ihnen heraus schieben muss. Sie sind verkehrt eiförmig mit breiter Spitze und verschmälerter Basis. Sie werden oft schon bald, noch zusammenhängend, abgestossen und hinterlassen breite Blattnarben. Ihre Function besteht dann wohl besonders im Schutze der Plumula beim geraden Durchstossen der

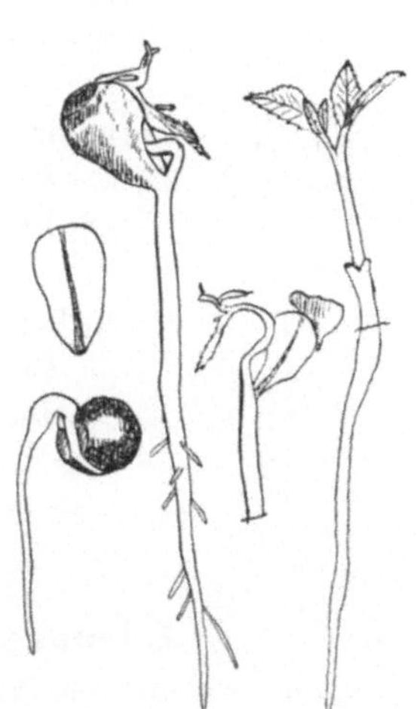

Fig. 163. **Staphylea pinnata.**
3/4 nat. Gr.

Links unten keimende Pflanze, darüber ein abgefallener Cotyledon von der kleinen Pflanze, welche den andern noch trägt.
Eine Pflanze, welche den Trieb zwischen den noch zusammenhaftenden Cotyledonen herauszieht und rechts eine Pflanze, deren Cotyledonen schon abgefallen sind.

bedeckenden Erdschicht. Oft wird die Haube bald ganz abgeworfen und sie entwickeln sich gut und bleiben länger sitzen.

Die Blättchen sind fiedernervig mit langen Sägezähnen am Rande. Es erscheinen schon die Blätter aus 3 Fiederblättchen.

Ilicineae (Frangulinae). Ilex.

Ilex Aquifolium, Hülsedorn, Stechpalme.
Endosperm bedeutend, Keim klein und kugelig.

Rhamneae (Frangulinae), Rhamnus.

Endosperm unbedeutend, Keim gerade.

Rhamnus cathartica, Kreuzdorn.

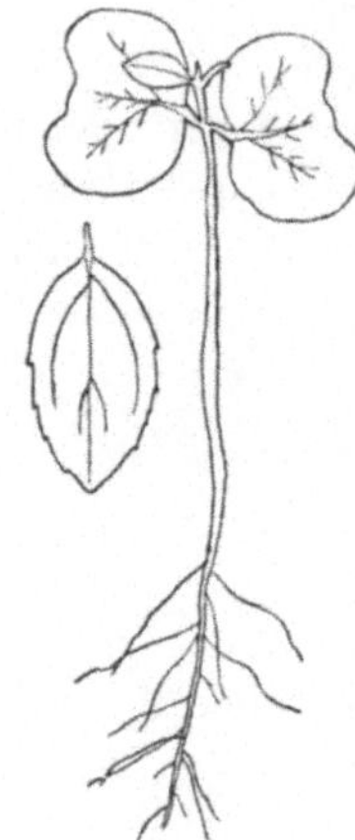

Fig. 164.
Rhamnus
cathartica.
$^3/_4$ nat. Gr.

Die 2 Cotyledonen, ca. 2 cm über dem Boden, sind gross, ziemlich derb, steif, glatt, glänzend, 11 mm lang, 18 mm breit, gestielt, an der Basis gerade (abgestumpft), breit, an der Spitze schwach eingebaucht (abgestutzt), oben dunkel-, unten hellgrün.

Sie zeigen eine deutliche Mittelrippe, die sich am Ende bogig auslaufend theilt, und 2 grosse und ganz aussen am Rande 2 kleine an der Basis entspringende weitere Rippen.

Die ersten Blätter sind lang, eiförmig, mit Spitze, am Rande gesägt, mit starkem Mittelnerv, von dem starke Seitennerven ausgehen.

Rhamnus Frangula keimt nach Nobbe hypogeisch.

Cornaceae (Umbelliflorae), Cornus.

Same mit grossem Endosperm.

Cornus sanguinea, Rother Hartriegel.
Cotyledonen 13—14 mm lang, 6—7 mm breit, oval, sitzend, mit hellem Mittelnerv und schwach sichtbaren Seitennerven. Epicotyles Glied und erste Blättchen behaart; letztere spitz, fiedernervig.

Cornus mas, Kornelkirsche.
Cotyledonen zungenförmig, ca. 20 mm lang.

Ribesiaceae (Saxifraginae).

Ribes, Johannis- und Stachelbeeren.
Same mit Endosperm.

2 Cotyledonen, winzig schmal, eiförmig. Zugespitzt bei Ribes rubrum; bei Ribes Grossularia dagegen breit, rundlich.

Eleagneae (Thymelaeinae), Hippophaë.

Hippophaë rhamnoides, Sanddorn.

Cotyledonen sitzend, fleischig, ca. 6 mm lang, 3 mm breit, ziemlich oval, ohne sichtbare Nervatur, oben matt dunkelgrün, unten glänzend hellgrün.

Erste Blättchen gegenständig, von Schuppen silberglänzend.

Amygdaleae (Rosiflorae), Amygdalus, Prunus.

Same ohne Eiweiss.

Amygdalus communis, Persica vulgaris, Prunus Armeniaca lassen die Cotyledonen unter der Erde und treiben einen krautigen, vielblätterigen Stengel.

Amygdalus communis, Mandel.

Sie besitzt gestielte, grosse, planconvexe Cotyledonen, welche gegen den Stiel rückwärts 2 Haken zeigen, sie sind gelb und haben feine röthliche Längsstriche. Die immer grösser werdenden gesägten Blätter entwickeln sich in grosser Zahl am langen, krautigen Stengel.

Prunus spinosa, Schlehe.

Cotyledonen planconvex, oval, 8 mm lang, 4—5 mm breit, oben matt, unten glänzend grün, ohne Drüsen.

Blättchen gesägt, Anfangs vorn rundlich, die späteren mit deutlicher Spitze, fiedernervig mit 2 Nebenblättchen.

Prunus domestica, Zwetschenbaum.

Cotyledonen viel länger und breiter wie die vorigen, sonst ihnen sehr ähnlich; ebenfalls ohne Drüsen.

Prunus avium, Vogelkirsche, Süsskirsche.

Cotyledonen verkehrt eiförmig, dick und fleischig, planconvex, mit breiter Vertiefung längs der Mitte, jenen von Prunus Mahaleb ähnlich, mit vielen stielartigen Drüsen an dem weisslichen Basalflecke der Cotyledonen-Oberseite.

Erste Blättchen mit Basaldrüsen und Randdrüsen. Spätere Blätter mit 2 grossen, rothen Blattstieldrüsen.

Fig. 165.
Prunus spinosa.
$^{3}/_{4}$ nat. Gr.

Prunus Mahaleb, Weichsel.

Cotyledonen ca. 10 mm lang, 5—6 mm breit, verkehrt eiförmig, etwas zugespitzt, oben dunkelgrün, unten hellgrün glänzend, plan-convex im Querschnitt, mit der gewölbten Seite nach aussen, Unterseite mit Längsfurchen, Nervatur nicht zu sehen. An der Basis mit gestielten Drüsen.

Erste Blättchen als Paar erscheinend, oben dunkelgrün, unten glänzend grasgrün, ge-kerbt, nackt. Zweites Blattpaar weit vom ersten entfernt, ebenso erstes Paar von den Cotyle-donen.

Fig. 167. Prunus Padus.
³/₄ nat. Gr.
Links Cotyledon von unten mit Mittelfurche, rechts Blätt-chen mit Nebenblättchen.

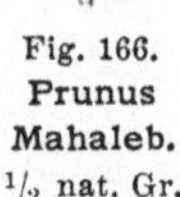

Fig. 166.
Prunus
Mahaleb.
¹/₂ nat. Gr.

Prunus Padus, Traubenkirsche.

Cotyledonen planconvex, eiförmig, sitzend, vorn stumpfspitzig, 3eckig zulaufend, 6—7 mm lang, 3 mm breit, oben matt, unten glänzend grün.

Erste Blättchen paarweise, sägezähnig, beider-seits mit 2 feinen haarförmigen und feinbehaarten Nebenblättchen.

Spätere Blätter meist mit 2 Blattstieldrüsen.

Pomaceae (Rosiflorae), Crataegus, Cotoneaster, Mespilus, Pirus, Cydonia, Sorbus, Amelanchier.

Samen ohne Eiweiss.

Crataegus Oxyacantha, Weissdorn.

Cotyledonen oval, dick, ca. 10 mm lang, 6 mm breit, oben ganz dunkelgrün, unten glänzend grasgrün mit bei auffallendem Lichte nicht sicht-barem Mittelnerv und unter spitzem Winkel aus-laufenden Seitennerven, kurz, fleischig, gestielt, wie das hypocotyle Glied nackt; Stengel behaart.

Die Blättchen erscheinen einzeln mit deut-lichen Nebenblättchen, typisch gelappt und gesägt.

Pirus communis, Birnbaum.

Cotyledonen dick, verkehrt eiförmig, vorn abgerundet, an der Basis stielartig verschmälert, mit

Fig. 168.
Crataegus
Oxyacantha.

starkem Mittelnerv; ca. 15 bis 16 mm lang, 6 mm breit. Primordialblätter nackt, feingesägt, mit lang ausgezogener Spitze, fiedernervig; die nächsten Blätter haben den typischen Bau gewöhnlicher Laubblätter mit vielen Blattrippenpaaren.

Pirus Malus, Apfelbaum.

Cotyledonen dick, eiförmig rund; fast sitzend, mit Mittelnerv und derben Seitennerven, welche jedoch nur bei durchfallendem Lichte deutlich sind. Erste Blättchen zugespitzt, doppelt gesägt, mit Mittelnerv und 4—5 Seitennervenpaaren. Epicotyler Stengel (und Blättchen anfangs wenigstens) behaart. Typische Laubblätter mit wenigen Rippenpaaren.

Fig. 169. Pirus Malus.
³/₄ nat. Gr.

Fig. 170.
Cydonia vulgaris.
²/₃ nat. Gr.

Cydonia vulgaris, Quitte.

Cotyledonen 10 mm lang und 10 mm breit an der breitesten Stelle; verkehrt eiförmig, breit rundlich abgestutzt, mit allmählich sich verschmälernder Basis, mit kräftiger Nervatur.

Erste Blättchen jung mit Seidenhaaren, dann glatt, glänzend feingesägt. Epicotyles Glied zart behaart.

Sorbus Aucuparia, Vogelbeere, Eberesche.

Der Keimling trägt 2 kleine eiförmige Cotyledonen.

Sorbus torminalis, Elsbeere.
Cotyledonen klein, oval.
Sorbus Aria, Mehlbeere.
Cotyledonen klein, oval.

Papilionaceae (Leguminosae), Robinia, Cytisus, Colutea, Sarothamnus, Ulex.

Fig. 171.
Robinia Pseudacacia.
³/₄ nat. Gr.

Fig. 172.
Cytisus Laburnum.
³/₄ nat. Gr.

Same ohne Endosperm, Keim halb gekrümmt.

Robinia Pseudacacia, Robinie.

Die zwei Cotyledonen sind gross, fleischig, grün, oval, fast sitzend, ihre Basis ist unsymmetrisch (Fig. 171, rechts), mit einem derben, nicht an das Ende reichenden Mittelnerv. Weitere Nerven oder Verästelungen sind nicht zu sehen. Fast 20 mm lang, 10 mm breit.

Erstes Blatt lang gestielt, kreisrund, 12—14 mm lang, ganzrandig, Mittelnerv mit reichlichen Seitennerven. Zweites Blatt lang gestielt, aus 3 gestielten Blättchen bestehend, Hauptblättchen kreisrund wie das erste Blatt, nur 7 mm lang, davon rechts und links ein ovales, spitz zulaufendes, nur 5 mm langes Fiederblättchen. Alle mit deutlichem Mittelnerven. Die späteren Blätter tragen 11—21 Fiederblättchen.

Cytisus Laburnum, Goldregen.

Die zwei Cotyledonen sind langgestreckt, gleichbreit bleibend, beidendig abgerundet, 18 mm lang, 8—10 mm breit, dick fleischig, grün, glatt mit derbem nicht an das Ende reichenden Mittelnerv. Weitere Verzweigungen sind nicht zu sehen. Die Cotyledonen, 30 mm über dem Boden, sind sitzend mit abgerundeter Basis.

Erstes Blatt 3 zählig, die 3 Blättchen (kleeblattartig) einander gleich, zugespitzt, fast sitzend, mit Mittelnerv, von dem zahlreiche einander parallele Seitennerven zum flaumig behaarten Rande führen.

Colutea arborescens, Blasenstrauch.

Cotyledonen verkehrt eiförmig mit verschmälerter Basis, vorne abgerundet, ca. 14 mm lang, 5—6 mm breit, fast sitzend; Fiederblättchen 3zählig, glatt, ohne Haarspitze, wie sie die Blättchen von Caragana haben.

Spartium scoparium, Besenprieme (Sarothamnus vulgaris).

Cotyledonen lang oval, sitzend, 8 mm lang, 4 mm breit mit kaum sichtbarer Mittelnervvertiefung. Fiederblättchen 3zählig, stark behaart.

Ulex europaeus, Hecksame, Stechginster.

Cotyledonen grösser wie bei Spartium, bis 10 mm lang und 6 mm breit mit ebenfalls schwach sichtbarer Mittelnervvertiefung. Erste Fiederblättchen 3theilig, stark behaart, einzelne Blättchen der Fiederblätter viel schmaler wie bei voriger. Im 2. Jahre entwickelt sich ein Langtrieb mit einfachen Blättchen.

Caesalpiniaceae (Leguminosae).
Gleditschia, Cercis, Gymnocladus.

Same ohne Endosperm, Keim gerade.

Gleditschia triacanthos, Christusdorn.

Die zwei Cotyledonen sind oval, 25 mm lang, 12 mm breit, sitzend, nach rückwärts in 2 rundliche Lappen verlängert, sehr dick, glatt, oben dunkelgrün, unten hellgrün, mit Mittelnerv und derberen Hauptnerven, von denen im spitzen Winkel Seitennerven auslaufen.

Die ersten Blättchen haben schon 10 Paar Fiederblättchen; die einzelnen Fiederblättchen sind kurz gestielt, haben ein zartes Spitzchen, sind haarig und zeigen einen deutlichen, hellen Mittelnerv.

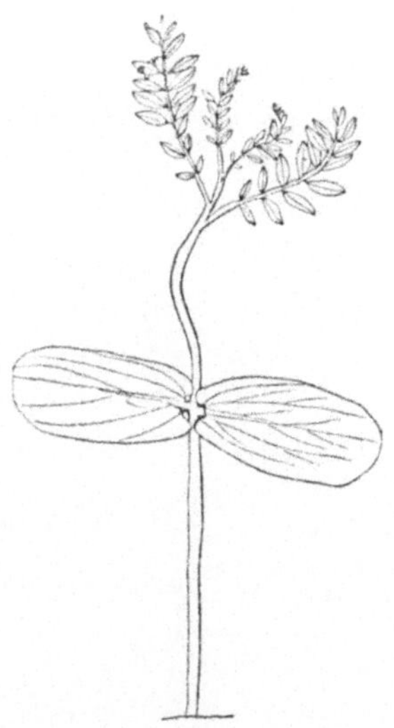

Fig. 173.
Gleditschia triacanthos.
²/₃ nat. Gr.

Cercis Siliquastrum, Judasbaum.

Die zwei Cotyledonen sind oval, sitzend, ca. 14 mm lang, 8—9 mm breit, sehr zart, grün, mit 3 parallelen Nerven, die sich verästeln.

Erstes Blättchen kommt allein, sehr zart, rund mit Spitze und 3—5 Nerven, die sich verästeln.

Scrophularineae (Labiatiflorae). Paulownia.

Same mit Endosperm.

Paulownia imperialis, Paulownie.

Dieser Baum mit den riesigen Laubblättern entwickelt nur winzige, kaum stecknadelknopfgrosse, zarte, rein grüne Cotyledonen.

Oleaceae:

Ligustrum, Fraxinus, Syringa.

Same mit Endosperm.

Fraxinus excelsior, Gemeine Esche.

Die zwei Cotyledonen sind schmal, vorne abgerundet, 40 mm lang, 10—11 mm breit, an der Basis stielartig verschmälert, glatt, nackt, oben dunkel, unten hellgrün, lederig. Sie zeigen nur einen Mittelnerven, von dem Seitennerven nach dem Rande abgehen (Unterschied von Acer).

Erste Blätter 2, gegenständig, mit den Cotyledonen alternirend, ganz, langgestielt, glatt, nackt, gezähnt, mit einem Hauptnerven. Stiel zwischen Cotyledonen und ersten Blättchen gefurcht. Erst spätere Blättchenpaare haben Fiederblättchen.

Fraxinus pubescens, Behaarte Esche.

Die Cotyledonen sind zungenförmig, 25 mm lang und 5 mm

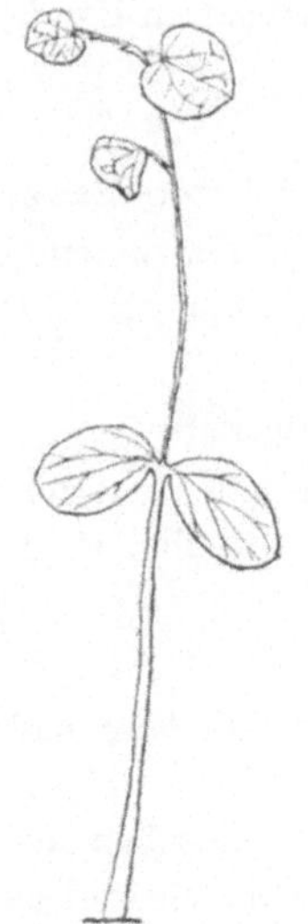

Fig. 174.
Cercis
Siliquastrum.
$^{3}/_{4}$ nat. Gr.

Fig. 175.
Paulownia
imperialis.
$^{9}/_{10}$ nat. Gr.

Fig. 176. Fraxinus excelsior. $^{2}/_{3}$ nat. Gr.

breit, also viel schmäler wie die des vorigen, sie zeigen einen hellen Mittelnerv mit Seitennerven.

Die 2 ersten Blättchen sind langgestreckt schmal, langspitzig mit aus der Ebene gebogenen Sägezähnen.

Syringa vulgaris, Flieder, Holunder.

Die 2 Cotyledonen sind gestielt, oval, mit Stielchen 15 mm lang, ohne Stielchen 11 mm lang; das Stielchen verschmälert sich allmählich vom Blatte nach der Insertion. Sie sind oben bläulich grün glänzend, unten hellgrün matt, glattrandig.

Erste Blättchen mit deutlicher Spitze, sich ebenfalls verschmälerndem Stielchen und einem borstenhaarigen Blattrand, zeigen Mittelnerv und 2 Seitennervenpaare, die sich schwach verästeln.

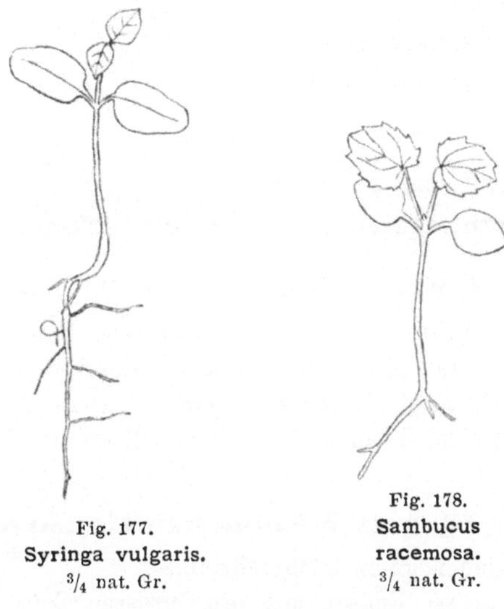

Fig. 177.
Syringa vulgaris.
³/₄ nat. Gr.

Fig. 178.
Sambucus
racemosa.
³/₄ nat. Gr.

Caprifoliaceae, Sambucus, Viburnum.

Same mit Endosperm.

Sambucus racemosa, Trauben-Holler.

Die 2 Cotyledonen sind eiförmig bis länglich, 7 mm lang, mit einem innen gehöhlten 3—5 mm langen (gefurchten) Stiele versehen, oben dunkelgrün, unten hellgrün. Nervatur kaum sichtbar.

Erste Blättchen grob gekerbt, Mittelnerv mit verästelten Seitennerven. Hierher gehört noch Sambucus nigra, der gemeine Holler.

Fig. 179.
Viburnum Opulus.
³/₄ nat. Gr.

Viburnum Opulus, Gemeiner Schneeball.

Endosperm glatt, im Gegensatz zu dem zernagten von Viburnum Tinus.

Cotyledonen lanzettlich, ca. 15 mm lang, 3 mm breit, in der Mitte etwas breiter als am Anfang und am Ende, flach, mit Mittelnerv und diesem fast parallel laufenden Seitennerven (In der Mitte Fig. 179).

Blättchen mit groblappigem Rande, fiedernervig. Nur mühsam ziehen sich die Cotyledonen aus der Samenschale, wenn diese bei leichter Deckung emporgehoben wird.

Viburnum Lantana, Wolliger Schneeball.
Endosperm ebenfalls glatt.

Bestimmungstabelle der Laubholzkeimlinge*).

I. Hypogeisch keimende Holzarten.

Die Cotyledonen werden nicht über den Boden erhoben, der erste Trieb erscheint kräftig mit typischen Laubblättern.

Quercus, Corylus, Castanea, Juglans, Carya, Aesculus, Pavia, Amygdalus, Persica, Prunus Armeniaca, Rhamnus Frangula, Gymnocladus.

II. Epigeisch keimende Holzarten.

A. Cotyledonen ganz, flächenförmig.

1. Sehr grosse Pflanze mit sehr grossen Cotyledonen.
   Cotyledonen halbkreisförmig, derb, 15—20 mm lang, 25—40 mm breit.
   Fagus (149).
2. Schmale, langgestreckte, zungenförmige Cotyledonen.
   Fraxinus, Cotyledonen bis 40 mm lang. Mit einem Mittelnerv, von dem Seitennerven ausgehen (176).
   Acer, 30—40 mm lang, mit 3 einander parallelen Nerven.

---

*) Anm.: Die beigefügten Zahlen beziehen sich auf die Nummern der Abbildungen.

Acer Pseudoplatanus, Cotyledonen über 35 mm lang, glatt (161).

Acer platanoides, Cotyledonen ca. 35 mm lang, geknickt (160).

Acer campestre, Cotyledonen ca. 30 mm lang, geknickt. Epicotyles Glied und erste Blättchen behaart (162).

Cornus mas, C. ca. 20 mm lang.

Cornus sanguinea, C. ca. 14 mm lang.

Viburnum Opulus (179).

3. Breite langgestreckte Cotyledonen.

Gleditschia, Cotyledonen 25 mm lang, fiedernervig, sitzend, Basis gelappt (173).

Cytisus, Cotyledonen 18 mm lang, einnervig (172).

4. Verkehrt eiförmige, grosse, breite Cotyledonen, Basis nicht gelappt.

Ailanthus, Cotyledonen 18 mm lang, fiedernervig (158).

5. Breite, vorn 2lappig abgestutzte Cotyledonen.

Rhamnus cathartica, Cotyledonen 11 mm lang, fiedernervig (164).

Celtis, Cotyledonen 17 mm lang, fiedernervig (152).

6. Grosse, verkehrt eiförmige, gestielte Cotyledonen. Basis gelappt.

Ulmus, Cotyledonen 17 mm lang, einnervig, Basis gelappt, oben schwach behaart (151).

Carpinus, Cotyledonen 17 mm lang, fiedernervig, Basis gelappt, nackt (148).

Zelcova, Cotyledonen 8 mm lang. Basis 2ohrig.

7. Grosse, gleichförmig ovale Cotyledonen.

Robinia, Cotyledonen 20 mm lang, mit unsymmetrischer Basis, fiedernervig (171).

(Maclura, Cotyledonen 17 mm lang, einnervig.)

Ptelea, Cotyledonen 15 mm lang, einnervig, langoval, mit zinnenförmig gekerbtem Rande (157).

Anm.: Mit „einnervig" sind Cotyledonen bezeichnet, welche mit der Loupe eine Nervendifferenzirung nicht erkennen lassen, welche dickfleischig sind und höchstens am Blattansatz eine Vertiefung als Mittelnerv zeigen. Als Bezeichnung der anderen ist „fiedernervig" gewählt. Beide Ausdrücke sind hier nur zur groben äusserlichen Orientirung benutzt und gelten nicht für die wirklich vorhandene, dem Auge verdeckte Nervatur.

8. Grössere, verkehrt eiförmige, ganzrandige Cotyledonen.
   Acer tataricum, Cotyledonen 16—17 mm lang, mit 3 auseinander laufenden Nerven.
9. Kleine, gleichförmig ovale Cotyledonen.
   Cercis, Cotyledonen 14 mm lang, fiedernervig (174).
   Syringa, Cotyledonen 11—15 mm lang, einnervig (177).
   Crataegus, Cotyledonen 10 mm lang, einnervig (168).
   Morus, Cotyledonen 8—9 mm lang, fiedernervig (150).
   Rhus, Cotyledonen 8 mm lang, einnervig (159).
   Spartium, Cotyledonen 8 mm lang, mit kaum sichtbarem Mittelnerv.
   Sambucus, Cotyledonen 7 mm lang, einnervig, langgestielt und zugespitzt (178).
   Alnus, Cotyledonen, 6—7 mm lang, einnervig (147).
   Hippophaë, Cotyledonen 6 mm lang, ohne sichtbare Nerven.
10. Ganz kleine, stecknadelknopfgrosse Cotyledonen.
    Betula (146).
    Paulownia (175).
    Ribes, Salix, Populus.
11. Schmale, lanzettliche Cotyledonen, ähnlich den Nadel-hölzern.
    Platanus (153).
B. Gelappte, flächenförmige Cotyledonen.
   Tilia (156).
C. Planconvexe Cotyledonen.
   Prunus-Arten, C. zugespitzt, verkehrt eiförmig, 3eckig.
   Mit Drüsen: Prunus Mahaleb, avium (166).
   Ohne Drüsen: Prunus Padus, spinosa, domestica (167 und 165).
   Staphylea (163).

Anhang.

Bei der **Auswahl der besprochenen Pflanzen** war zunächst ihre Bedeutung als forstliche Culturpflanzen massgebend. Wenn vielfach die Reihe der forstlichen Culturpflanzen im engeren Sinne überschritten wurde, so geschah es, um bekanntere, in Anlagen und Gärten häufig cultivirte Holzpflanzen herbeizuziehen. Von den in Deutschland cultivirten und zu cultivirenden fremdländischen Holzarten wurden zunächst alle diejenigen aufgeführt, welche in den „Anbauplan der deutschen forstlichen Versuchsanstalten" aufgenommen sind, sodann aber auch andere, welche mit mehr oder weniger Berechtigung theils im Walde, theils in Anlagen mehrfach zu finden sind. Eine scharfe Grenze zwischen forstlich wichtigen, anbauwürdigen, nur in Parks zu cultivirenden oder ganz vom Anbau auszuschliessenden Holzarten ist beim gegenwärtigen Stand unserer Kenntnisse nicht zu ziehen —. Dieselbe ist vielmehr durch Versuche allmählich festzusetzen!

Eine Bemerkung über die Herkunft der Exoten und den bisherigen Erfolg ihres Anbaues konnte daher nur kurz und allgemein bei den einzelnen Holzarten beigefügt werden.

Zur weiteren Orientirung habe ich das Verzeichniss der im Anbauplane deutscher forstlicher Versuchsanstalten aufgenommenen Holzarten beigegeben, obwohl dasselbe einer wiederholten Aenderung wird unterliegen dürfen.

Verzeichniss

der Holzarten, welche der Verein deutscher forstlicher Versuchsanstalten in seinen „Arbeitsplan für die Anbauversuche mit ausländischen Holzarten" aufgenommen hat.

I. Anbauklasse.

A. Amerikanische Holzarten.

1. Nadelhölzer: Pinus rigida — Pseudotsuga Douglasii.
2. Laubhölzer: Carya alba — Juglans nigra.

B. Japanische Holzarten.

1. Nadelhölzer: Pinus Thunbergii — Tsuga Sieboldii — Larix leptolepis — Chamaecyparis obtusa — Chamaecyparis pisifera.

2. Laubhölzer: Zelcova Keaki.

C. Aus dem Kaukasus.

Abies Nordmanniana.

II. Anbauklasse.

A. Amerikanische Holzarten.

1. Nadelhölzer: Pinus ponderosa — Pinus Jeffreyi — Picea sitchensis — Chamaecyparis Lawsoniana — Thuja Menziesii — Juniperus virginiana.

2. Laubhölzer: Acer californicum — Acer saccharinum — Acer dasycarpum — Fraxinus pubescens — Betula lenta — Carya amara — Carya tomentosa — Carya porcina — Carya sulkata — Quercus rubra — Populus serotina — Populus monilifera.

B. Japanische Holzarten.

Nadelhölzer: Pinus densiflora — Picea polita — Picea Alcockiana — Abies firma — Sciadopitys verticillata — Cryptomeria japonica — Thujopsis dolabrata — Thuja japonica.

C. Europäische Holzarten.

Pinus Laricio.

Die ganz kurzen Angaben über Samenreife, Samenabfall, Samenruhe, Keimdauer, Wiederkehr der Samenjahre, Keimfähigkeit, welche ich bei den wichtigsten einheimischen Waldbäumen beigefügt habe, sind ebenfalls nicht vollständig genau; die Angaben der verschiedenen Autoren weichen bedeutend von einander ab.

1. Die **Samenreife** wechselt wie die Blüthezeit nach dem klimatisch verschiedenen Standort und dehnt sich oft über lange Zeiträume hin aus. Für die wichtigsten Holzarten tritt sie etwa in folgenden Monaten ein:

Samenreife.

Mai	Juni	Juli	August	September	October	November
					Kastanie	
Ulme		Prunus avium		Prunus insititia . .	Platanus . . .	
	Birke			Prunus domestica .	Schwarzerle . .	
Zitterpappel . .		Prunus Padus		Vogelbeer	Fichte . Paulownia . . .	
Schwarzpappel .		Blumenesche		Birnbaum	Buche	
Silberpappel		Ostrya|Celtis . . .	Eibe .	. . . . |Strobe .	Hainbuche	
Sohlweide . . .		Morus . . .		Wallnuss	Föhre	
				Haselnuss	Latsche	
			Linde .	. . . .	Traubeneiche . . .	
				Sorbus Aria		
					Zerreiche	
					Carya	
					Juniperus	
				Esche	Robinie	
				Weisserle	Juglans nigra	
				Ahorne		
					Lärche	
				Tanne	Zirbelk.	
					Pinus Laricio	
				Rosskastanie		

2. Der **Samen-** oder **Fruchtabfall** tritt bei vielen Holzarten alsbald nach der Samenreife ein, so bei:

Pinus Strobus, Pinus excelsa, Pinus Cembra, Abies pectinata (bei Ginkgo biloba findet die Keimbildung erst am Boden statt), Tsuga, Pseudotsuga, Ulmus, Betula, Castanea, Quercus, Fagus (grösstentheils), Juglans, Carya, Corylus, Aesculus, Pirus communis, Pirus Malus, Cydonia, Sorbus torminalis, Ostrya, Morus, Persica, Prunus Armeniaca, — insititia, — domestica, — Cerasus, — Mahaleb, — Padus, u. s. w.

Bei sehr vielen Holzarten aber bleiben die Samen oder Früchte noch eine Zeit lang, ja oft viele Monate lang am Baume hängen und fallen im Winter und Frühling ab oder bleiben zum Theil wenigstens noch länger oben, wie z. B. der Same in den Lärchenzapfen.

Während des Spätherbstes, des Winters oder Frühlings fliegen allmählich ab:

die meisten Pinus-Arten, Picea, Larix, Juniperus, Carpinus, Acer, Tilia, Robinia, Cytisus, Alnus, Fraxinus, Sorbus Aucuparia, Celtis, Platanus, Berberis, Hippophaë, Ilex, Prunus spinosa, u. s. w.

Der Samen- oder Fruchtabfall ist aus nebenstehender Tabelle zu ersehen (S. 137).

Der Zeitpunkt des **Samenabfalles** ist von Wichtigkeit wegen des Samen-Sammelns.

Man sammelt durch Abpflücken vom Baume die Nadelholzzapfen, die Früchte von Birken, Erlen, Hainbuchen, Ulmen, Ahorn, Eschen, Kastanien, Haselnuss, Linden, Robinie, Goldregen, u. s. w.

Man schlägt ab die Nüsse, und sammelt auf verschiedene Art die Obstarten. Bei Nüssen, zahmen Kastanien, Rosskastanien, Buchen, Eichen können auch die abgefallenen Früchte am Boden gesammelt werden, ebenso bei Ulmen zusammengekehrt werden. Der Erlen-Same wird vielfach von der Oberfläche des Wassers geschöpft (Schwemm-Same), derselbe muss sofort gesäet werden, da er seine Keimkraft bald verliert.

Bei alsbald nach der Reife abfallenden Samen, wie Tannen, Weymouthskiefern, Pinus excelsa, Douglastanne, Tsuga, Ulme, Birke, Ahorn, dessen Hauptmenge auch zeitig abfliegt, ebenso bei der Fichte, wenn die Samen auch nur allmählich abfliegen, ist das rechtzeitige Sammeln von besonderer Wichtigkeit, während es im Laufe des Herbstes und Winters bei allmählich abfallenden

Samen- oder Fruchtabfall.

Mai	Juni	Juli	Aug.	Sept.	October	November	Dec.	Jan.	Febr.	März	April	Mai	Juni
	Sohlweide Ulme				Q. ped. Eiche Q. sess. Eiche	Hainbuche			Esche				
	Zitterpappel				Kastanie	Q. Cerris				Hippophaë			
Cytisus					Buche	eventuell							
		Birke											
						Alnus incana							
			Traubenkirsche			Alnus glutinosa							
				Prunus avium									
					Ahorn								
					Linden								
					Tanne				Fichten				
				Strobe						Lärchen			
						Juniperus				Kiefer			
										Latsche			
					Taxus								
					P. Cembra					P. Laricio			
					Corylus				Robinie				
					Aesculus				Platanus				
						Carya							
					Juglans regia	Juglans nigra							
					Apfelbaum								
					Birnbaum								
					Sorb. Aria								
					Celtis								
					Vogelbeere								
					Elsbeere								
					Liguster								

Samen geschehen kann, so z. B. bei Lärche, bei den meisten Föhren, Erlen, Eschen, Wachholder, Hainbuchen u. s. w.

Da bei den Laubhölzern der taube Same zuerst abfliegt und abfällt, so lässt man die erste Zeit des Abfalls gerne vorübergehen und sammelt erst, wenn man sich von der Güte (Keimfähigkeit) der Samen überzeugt hat, so besonders bei den Samen der Birken und Ulmen, welche ohnehin ein sehr geringes Keimprocent aufweisen, aber auch beim Aufschlage der Eicheln und Bucheln.

3. Die **Keimdauer** ist verschieden nach Holzarten und besonders nach der Art der Aufbewahrung; luftdichter Abschluss würde sie verlängern. Es ist Aufgabe der Praxis, die besten Aufbewahrungsmethoden festzustellen.

Die Keimdauer erlischt nicht auf einmal, sondern ganz allmählich, oft durch Jahre hindurch. Sie dauert ungefähr für die Hauptmenge des Samens:

Wenige Tage oder Wochen bei Salix, Populus, Ulmus.

Bis Frühling bei Ulmus, Betula, Corylus, Quercus, Fagus, Castanea, Juglans regia und nigra, Abies.

1—2 (3 Jahre) bei Carpinus, Tilia, Acer, Alnus, Sorbus Aucuparia, Pirus comm. Celtis.

2—3 Jahre bei Lärche, Strobe.

3—4 Jahre bei Robinia, Fraxinus, Pinus.

4—5 Jahre bei Picea.

Man wird in Folge dessen (Weiden, Pappeln vermehrt man durch Stecklinge) Birken und Ulmen schon im Sommer nach Eintritt der Samenreife säen; Erlen, Buchen, Eichen, Kastanien, Haselnuss, Wallnuss und Weisstanne höchstens überwintern, während man auch 1—2jährigen Samen von Föhren, von Fichten auch noch älteren, Lärchen, Taxus, Douglastannen, Wachholder, Strobe, Ahorn, Eschen, Linden, Hainbuchen, Birnen, Aepfeln, Celtis, ja die LeguminosenSamen, wie Robinie, Cytisus, Colutea, Caragana, Sophora oder Gleditschia, Gymnocladus, Cercis auch bei noch mehrjährigem Alter mit Erfolg zur Saat verwenden kann. Immerhin nimmt aber die Keimfähigkeit mit dem Alter des Samens (zumal bei ungenügender Aufbewahrungsart) ab, weshalb man älteren als 2jährigen Samen bei den meisten Holzarten ungern verwendet und jedenfalls dichter säen muss.

4. Die **Wiederkehr der Samenjahre** ist nach Gegenden verschieden.

Etwas Samen bringen die meisten Holzarten ja alljährlich; einige bringen auch fast jährlich ihre volle Ernte. Andere aber bringen nur in bestimmten Intervallen, die vermuthlich als „Ruhejahre" zur Reservestoffaufspeicherung dienen, volle Samenmenge, oder wie man bei Buche und Eiche sagt: „Vollmast".

Diese Perioden stimmen bei vielen Holzarten ungefähr überein mit der Zeit der Keimdauer ihrer Samen, so bei Kiefer, Fichte.

Die Samenjahre kehren etwa in folgenden Zeiträumen wieder:

Fast alljährlich (alle 1—2 Jahre) bei Pappeln, Weiden, Berberis, Ptelea, Ailanthus, Rhus, Aesculus, Rhamnus Frangula, Hippophaë, Schlehe, Robinie, Cytisus, Paulownia, Syringa, Birke, Erle, Hainbuche, Ahorn, Linde, Esche, Lärche, Tanne, Schwarznuss. Etwas Same bringt auch meist die Eiche.

Alle 2—3 Jahre bei Castanea im Süden, Hasel, Wallnuss, Ulmen, den meisten Obstbäumen, welche sich „ausruhen" müssen.

Alle 3—4 Jahre bei Buche (Sprengmast).

Alle 3—5 Jahre bei Kiefer, Eiche, Kastanie.

Alle 5—7 Jahre bei Fichte.

Alle 10—15 Jahre bei Buche (Vollmast).

5. Die **Samenruhe.** Bei der natürlichen Verjüngung in der Natur kommen die Samen alsbald nach Abfall (mit Unterbrechung des Winters) in die Bedingungen des Keimens in der Erde.

Samen, welche im Sommer reifen und abfallen, keimen sofort, wie Populus, Salix, Ulmus wenigstens zum Theile, und ebenso Betula.

Von ihnen ist ausserdem bekannt, dass sie zugleich Samen mit der geringsten Keimdauer sind und sich nicht zur künstlichen Ueberwinterung und Frühjahrssaat eignen.

Eine zweite Gruppe von Samen reift im Sommer bis Herbst; die Samen fallen im Herbste sogleich oder allmählich bis Frühling zu Boden. Sie befinden sich erst im Frühjahr in der Keimungsbedingung am Boden.

Diese Samen können auch im Herbste oder Winter gesammelt, künstlich überwintert und im Frühling gesäet werden.

Dieselben keimen im Laufe des Sommers.

Bei natürlichem Samenabfall im Herbste oder Winter keimen im nächsten Frühling bis Sommer (wenigstens grossentheils):

Alnus, Betula zum Theil, Ulmus zum Theil, Corylus, Quercus, Fagus, Castanea, Juglans, Aesculus, Ptelea, Acer, Hippophaë, Amygdalus, Sorbus, Pirus, Celtis, Picea, Larix, Abies, Tsuga, Pseudotsuga, Pinus, Chamaecyparis, Thuja, Biota, Taxus, Platanus u. s. w.

Bei künstlicher Ueberwinterung und Frühlingssaat keimen ungefähr:

Nach 2—3 Wochen Morus, Ulmus.

Nach 3—4 Wochen Sorbus, Juglans, Carya, Platanus, Aesculus, Corylus, Pinus; ferner Picea, Abies, Larix.

Nach 4—6 Wochen Quercus, Fagus, Ulex, Robinia, Spartium.

Nach 6—8 Wochen Thuja, Biota, Ginkgo, Chamaecyparis, Pinus Cembra, Abies cephalonica, Pinus Pinea, Pinus Strobus, Pinus montana, Picea sitchensis.

Die Keimung vollzieht sich nicht bei allen Samen gleichzeitig, sondern erstreckt sich oft über mehrere Wochen, bis alle Samen gekeimt haben.

Von diesen Samen hält die Keimkraft überhaupt nur bis zur Keimung im ersten Frühjahr:

Ulmus, Betula, Corylus, Quercus, Fagus, Castanea, Juglans, Abies u. s. w.

Eine Anzahl von Samen zeigt die Eigenthümlichkeit, frisch nach Samenreife und Samenabfall gesäet, auch alsbald oder in der nächsten Vegetationsperiode (erstes Frühjahr) zu keimen. So z. B.: Taxus, Pinus Cembra u. s. w.

Werden diese Samen dagegen künstlich überwintert und im Frühling gesäet, so liegen sie über, d. h. sie ruhen eine Vegetationsperiode im Boden, bis sie keimen.

Man erklärt dies damit, dass im reifenden Samen Fermente, welche bei der Reife wie bei der Keimung zur Umwandlung der Reservestoffe nöthig sind, sich noch vorfinden. Diese Fermente verschwinden bei der Nachreife. Solange sie noch vorhanden sind, keimen demnach die Samen alsbald, während zur Neubildung von Fermenten nach deren Verschwinden bei der Nachreife eine längere Zeit (Samenruhe) nöthig ist.

Von älteren Samen zeigt in der Regel ein Theil dieselbe Eigenthümlichkeit, während ein anderer sofort keimt, auch bei Holzarten, bei denen frischer Same vollständig zur Keimung gelangt.

So liegen bei Frühlingssaat theilweise über:

Tsuga canadensis, Pinus Cembra, Pseudotsuga Douglasii, Chamaecyparis Lawsoniana, Rhus, Liriodendron, Rhamnus, Celtis,

Colutea, Ptelea, Sambucus, Amygdalus, Spartium, Robinia, Ulex, Cercis u. s. w.

Vollständig liegen bei Frühjahrssaat über:

Juniperus, Taxus, Sciadopitys, Acer, Crataegus, Prunus, Berberis, Staphylea, Halesia, Carpinus, Tilia, Ilex, Pirus, Sorbus, Ligustrum, Viburnum, Betula lenta, Fraxinus excelsior (während Fr. pubescens und americana sogleich keimte) u. s. w.

Bei einigen Holzarten erwacht die Keimkraft so allmählich, dass nicht blos ein Theil der Samen ein Jahr im Boden überliegt, sondern ein anderer Theil 2, 3 und mehr Jahre.

So läuft z. B. von Betula lenta auf demselben Saatbeete durch 5 Jahre hindurch alle Jahre ein Theil des Samens auf; auch Juniperus und Taxus können mehrere Jahre ruhen. (Andererseits können Samen ohne die Keimbedingungen auch im Boden, z. B. bei Wärme oder Sauerstoffmangel Jahre lang ruhend liegen.)

6. Die **Keimfähigkeit** der Samen ist allgemein nur in weiten Grenzen anzugeben. Wir wissen zwar, dass leichtfliegende Früchte, wie Birken, Pappeln, Weiden, besonders viel taube Samen haben; wir wissen aber auch, dass dieselbe überhaupt nach Jahren und Holzarten wechselt, dass ferner in einem Zapfen der Nadelhölzer nur in der mittleren Region keimfähige Samen sitzen und dass die Keimfähigkeit mit dem Samenalter (siehe Keimdauer!) und je nach der Methode der Aufbewahrung sich ändert. Sie anzugeben, erscheint um so weniger werthvoll, als der Erfolg der Saat noch von vielen anderen Umständen abhängt. Es ist dagegen eine Hauptaufgabe der Samencontrollstationen, das Keimprocent eines speciell vorliegenden Saatgutes an einer Samenprobe zu bestimmen.

Die meisten Samenhandlungen pflegen jetzt auch garantirte Keimprocente ihres angebotenen Saatgutes in den Catalogen zu publiciren. Die Samenpreise sind hiernach natürlich zu bemessen.

Stellen wir die Keimprocente, welche Gayer in seinem Waldbau und Hess in seinem citirten Buche angeben, zusammen, so erhalten wir sehr verschiedene Reihenfolgen der einzelnen Holzarten.

Vergleichen wir Nobbe's Samenkunde (S. 525), so finden wir die Schwankungen, welche bei käuflichem Saatgut vorkommen, zusammengestellt. Die kleine Tabelle mag zur Einsicht in diese Verhältnisse genügen.

No.	Holzart	Keimprocent nach Gayer	Keimprocent nach Hess	No.	Holzart	Keimprocent nach Gayer	Keimprocent nach Hess
1	Fichte	75—80	75—80	11	Ahorn gem.	50—60	80—85
2	Schwarzkiefer	75	bis 65	12	Tanne	50—60	65—70
3	Hainbuche	70	bis 80	13	Buche	50	80—90
4	Kiefer	70	bis 75	14	Ulme	45	40—50
5	Esche	65—70	80—85	15	Schwarzerle	35—40	25—30
6	Weymouths-kiefer	60—70	40—50 (selten bis 75)	16	Lärche	30—35	bis 60
7	Eiche	65	80—90	17	Birke	20—25	10—15
8	Kastanie	50—65	bis 80	18	Weisserle	—	bis 25
9	Linde	60	bis 40		Bergföhre	—	bis 60
10	Robinie	55—60	bis 50		Zirbelkiefer	—	60—80
					Pinus Pinaster	50—70	—

7. Die Angabe der **Samenmengen pro Hektoliter** und das **Samengewicht** erscheint wegen der überaus abweichenden Angaben nur von untergeordnetem Interesse.

Diese Angaben sollen schliesslich nur der Praxis dienen, werden aber besser im speciellen Falle vom Praktiker beurtheilt, da sie exact wissenschaftlich nicht erforscht sind. Bei den vorhandenen Angaben ist meist das wichtige Keimprocent (Menge der leichteren tauben Samen) nicht berücksichtigt. Die Verschiedenheit der Angaben hängt vielfach vom Trockenheitsgrade der Samen ab, welcher schwankt und mit der Zeit im trockenen Raume abnimmt.

Bei Hess sind die Angaben verschiedener Autoren zusammengestellt, für die im Anbauplane aufgenommenen japanischen Holzarten hat Luerssen verschiedene Zahlen veröffentlicht; auch Gayer, Burkhardt, Nobbe und andere machen Angaben hierüber.

Einige sind in den folgenden Tabellen aufgenommen:

Holzart	1 hl Kornsame wiegt Kilo		1 hl Flügelsame wiegt Kilo	
	nach Hess	nach Gayer	nach Hess	nach Gayer
Nadelhölzer:				
Kiefer	42—50	45—55	13—16	—
Schwarzkiefer	45—50	50—60	18	—
Bergkiefer	36	—	16	—
Pinus Pinaster	48—50	—	—	—
Weymouthskiefer	40	52—56	—	—
Zirbelkiefer	50—60	—	—	—
Lärche	40—50	50—51	17—20	—
Fichte	40—50	45—55	15—16	—
Tanne	26—29	28—40	16—18	—

Holzart	1 hl Kornsame wiegt Kilo		1 hl Flügelsame wiegt Kilo	
	nach Hess	nach Gayer	nach Hess	nach Gayer
Laubhölzer:				
Buche	40—50	40—55	—	—
Stieleiche	70—75	60—80	—	—
Traubeneiche	70—75	64—68	—	—
Hainbuche	42—50	45—50	9—12	—
Ulme	wird nicht entflügelt		4—6	5—6
Esche	„ 36 „	„ 13—14	14—16	15—16
Bergahorn		10—14	—
	entflügelt?			
Kastanie	56	—	—	—
Schwarzerle	wird nicht entflügelt		28—36	30—32
Weisserle	—	—	21—23	—
Birke	—	—	7,5—10	8—10
Grossblätterige Linde . . .	23—26	—	—	—
Kleinblätterige Linde . . .	25—26	—	—	—

Nach Gayer würden sich demnach die Holzarten dem Gewichte der Samen nach folgendermaassen gruppiren:

Stieleiche, Traubeneiche, Schwarzkiefer, Weymouthskiefer, Lärche, Fichte, Kiefer, Hainbuche, Buche, Schwarzerle, Tanne, Esche, Birke, Ulme, wobei jedoch zu bedenken ist, dsss hier Samen und Früchte vergleichsweise ebenso zusammengestellt sind, wie die rein entflügelten Föhren- oder Fichtensamen mit den nicht ganz vom Flügel befreibaren Samen der Lärchen und Tannen oder Früchten der Ulme und Birke.

8. Stellen wir das **Gewicht des einzelnen Samen- oder Fruchtkornes** zusammen, so finden wir folgende Zahlen im Mittel vieler Wägungen:

Holzart	1000 Körner wiegen im Mittel g		Holzart	1000 Körner wiegen im Mittel g	
	nach Nobbe	nach Gayer		nach Nobbe	nach Gayer
Abies pectinata	34,3	43,5	Picea excelsa	6,88	8
Alnus glutinosa . . .	1,09	1,2	Platanus	4,95	—
„ incana	0,68	—	Pinus silvestris . . .	6,19	6,8
Ailanthus glandulosa .	19,7	—	P. Laricio	18,32	21,3
Betula alba	0,13	0,15	P. Strobus	—	17,1
„ pubescens . . .	0,17	—	Quercus pedunculata	2013	4900
Carpinus Betulus . . .	41,34	54,2	Robinia	18,77	—
Cytisus Laburnum . .	30,26	—	Sorbus Aucuparia . .	148,6	—
Crataegus Oxyacantha	220,17	—	Tilia grandifolia . . .	98,75	—
Fagus silvatica	136,38	162	„ parvifolia . . .	28,30	28,5
Fraxinus excelsior . .	65,35	74,8	Ulmus campestris . .	6,8	
Larix europaea	5,27	5,5			

9. Stellt man die Samen und Früchte (Saatgut) zusammen nach der **Zahl**, welche sich **pro Kilogramm** findet, was bei der auszugebenden Saatmenge für eine bestimmte Fläche (bei Berücksichtigung des Keimprocentes) von Wichtigkeit ist, so bekommt man etwa folgende Zahlen nach Hess, Nobbe und Luerssen:

Holzart	1 kg Flügelsame enthält Körnerzahl	1 kg Kornsame enthält Körnerzahl	1 kg Kornsame enth. Körnerzahl im Mittel
	nach Hess		nach Nobbe
Nadelhölzer:			
Pinus silvestris . .	130—140 Mille	150—170 Mille	162 M.
„　　„　. .	—	192—212 M. schwed. Same	—
P. Laricio	—	48—55 M.	55 M.
P. montana.	—	160—180 M.	—
P. Pinaster	—	20—22 M.	—
P. Strobus	—	55—65 M.	—
P. Cembra	—	35—45 M.	—
Larix europaea . .	120—130 M.	140—150 M.	210 M.
Picea excelsa . . .	110 M.	120—150 M.	145 M.
Abies pectinata . .	15—17 M.	20—24 M.	29100
Japanische Nadelhölzer n. Luerssen:	Rohprobe theils mit Flügeln rund	Reinprobe, entflügelt	
Pinus Thunbergii. . .	49—53 Mille	54 Mille	—
Pinus densiflora . . .	$96\frac{1}{2}$—$97\frac{1}{2}$ M.	$103\frac{1}{2}$ M.	—
Picea Alcockiana. . .	142—135 M.	144 M.	—
Picea polita	96 M.	113 M.	—
Abies firma	21—22 M.	27—30 M.	—

Holzart	1 kg Kornsame enthält Körnerzahl	
	nach Hess	nach Nobbe
Laubhölzer:		
Fagus silvatica	4—4,5 Mille	7300
Quercus ped.	270—300 Stück	497
„　sessiliflora	300—370 Stück	—
Carpinus Betulus	32 Mille	24 M.
Ulmus	100—140 M.	147 M.
Fraxinus	13,5—14,5 M.	15300
Acer Pseudopl.	11—11,2 M.	—
Castanea vesca	170—300 Stück	—
Alnus glutinosa	600—700 M.	920 M.
Alnus incana	615—720 M.	1500000
Betula alba	1600000—1900000	7600000
Betula pubescens	—	6 Million
Tilia grandifolia	11—12 M.	10 M.
Tilia parvifolia	32,5 M.	35 M.
Zelcova Keaki	80—90 M.	—

Anm.: Ulmus, Fraxinus, Alnus, Betula sind nicht entflügelt, Acer ist entflügelt, Carpinus Betulus von den Deckblättern befreit.

Holzart	1 kg Rohprobe, theils mit Flügeln	Reinprobe, entflügelt
Tsuga Sieboldii	225—238 M.	—
Larix leptolepis	223—276 M.	274—295 M.
	Rohprobe	Reinprobe mit Flügeln
Sciadopitys	—	38—48 M.
Cryptomeria japonica. . . .	250—287 M.	255 M.
Chamaecyparis obtusa . . .	441—441½ M.	447½—448½ M.
Chamaecyparis pisifera . . .	688 M.—1 Million	1 Million
Thuja japonica	920 M.—1,250000	—

10. Vergleicht man endlich das Ergebniss an Samen, welches die **Nadelholzzapfen** liefern, so erhält man nach Hess folgende Zahlen:

Holzart	1 hl Zapfen	
	enthält Stück	liefert Kornsamen kg
Pinus silvestris	6300—6400	0,75—1,00
Pinus Laricio	—	1,4—1
Pinus Strobus	1400—1600	0,50—0,75
Larix europaea	—	2—2,75
Picea excelsa	850—1100	1,6
Abies pectinata.	600	1,5—3

Ueber die Samengewinnung aus den Zapfen in den Klenganstalten, über die Methoden der Entflügelung bei verschiedenen Samen und über die Methoden der Keimproben, wie sie besonders an den Samencontrollstationen vorzunehmen sind, geben Gayer in seiner Forstbenutzung und Harz in seiner landwirthschaftlichen Samenkunde, sowie Nobbe in seiner Samenkunde genaueren Aufschluss.

Da die vorliegende Arbeit den Zweck verfolgt, Samen und Keimlinge nach äusseren Merkmalen, allerdings unter Benutzung der Loupe, zu erkennen und zu bestimmen, so ist auch bei den Keimlingen wie bei den Samen nicht auf mikroskopische Verhältnisse Rücksicht genommen.

Die in der Litteratur vielfach angeführte Längenentwickelung des oberirdischen Triebes, wie besonders der Wurzel, ist nach den Bodenverhältnissen, Witterung und Beleuchtung, ja sogar in demselben Saatbeete so verschieden, dass ich davon absehen

konnte; ebenso ist die oft röthliche Stengelfärbung bei Coni-
feren-Sämlingen ein wechselndes und unsicheres Kennzeichen.

Die vielfach angegebene Richtung der Cotyledonen ist nicht
constant, da sie anfangs im Samenkorn zusammenneigend sich
später verschieden horizontal oder halbaufrecht stellen, ja wohl
auch zum Schutze gegen Verdunstung etc. eine Bewegung aus-
führen.

11. **Lebensdauer der Cotyledonen.** Die unterirdischen Cotyledonen werden im Laufe von Wochen oder meist schon bis Herbst
ausgesaugt und lösen sich dann von der Mutterpflanze ab, an welcher
man dieselben im nächsten Frühjahr meist nicht mehr findet.

Die oberirdischen Cotyledonen haben mehrere Aufgaben zu erfüllen; sie sollen zunächst, nachdem sie den Keimling aus der
Samenschale durch ihr Wachsthum befreit haben, assimilirend zur
Ernährung ihrer selbst wie des Keimlings beitragen, ausserdem aber,
wie andere Blätter, beim Absterben ihre Nährstoffe dem Keimling
abgeben. Von anderen Blättern unterscheiden sie sich nur dadurch,
dass sie, schon im Samen vorhanden, mit Nährstoffen erfüllt sind,
so dass sie zum ersten Wachsthum, welches bei manchen noch ein
beträchtliches ist, nicht auf die assimilirten Stoffe allein angewiesen
sind. Ja bei einigen Keimlingen findet man schon im Samen die
Cotyledonen grün, so bei Kiefern, Fichten, Ahorn, Staphylea, Sophora
(Viscum, Loranthus; Evonymus, bei welchem die grüne Farbe, die
anfangs vorhanden ist, später sich wieder verliert, so dass der
Keimling gelb erscheint).

Sie haben bei einigen Pflanzen im ersten Jahre allein die
Aufgabe der Laubblätter zu erfüllen, da manchmal das erste Jahr
lediglich mit der Bildung von Cotyledonen und einer Endknospe
abschliesst. So z. B. bei Picea orientalis, Picea excelsa septentrionalis u. s. w.

Bei allen besprochenen Laubhölzern und fast allen besprochenen
Nadelhölzern werden aber doch einige Laubblätter alsbald nach
Entfaltung der Cotyledonen sichtbar, bei vielen aber bildet sich
sogar schon ein reichbeblättertes Stämmchen.

Die Cotyledonen tragen vielfach Knospen in ihren Achseln und
zeigen manche Eigenthümlichkeit der späteren Blätter angedeutet,
wie die Nervatur oder die Drüsen einiger Prunus-Arten.

Vor der Keimung hatten sie die Aufgabe, das eventuelle Endosperm aufzusaugen.

Wie sie zuerst gebildet wurden, gehen sie auch zuerst zu Grunde und werden bei Nahrungsmangel auch zuerst ausgesogen. Sie bleiben dann theils vertrocknet noch am Keimlinge hängen, wie bei vielen Nadelhölzern, oder sie werden frühzeitig abgestossen, wie bei den meisten Laubhölzern.

Sie haben eine Lebensdauer von nur wenigen Wochen oder bis zum Herbste bei sommergrünen Laubhölzer, während z. B. Epheu die Cotyledonen in dem nächsten Sommer sich erhielt und nach Abfall des einen Cotyledon einen Trieb aus dessen Achsel alsbald entwickelte.

Die Cotyledonen der sommergrünen Larix sterben im Herbste ab, bleiben aber den Winter über am Stämmchen hängen, bis sie im Frühling abgestossen werden.

Die Cotyledonen der wintergrünen Nadelhölzer haben theilweise, wie die Nadeln derselben, nicht blos eine einjährige, sondern eine mehrjährige Dauer, welche nach dem Klima, wie bei den späteren Nadeln wohl etwas differiren wird.

Bei Cedrus beobachtete ich ein Absterben der Cotyledonen im ersten Herbste. Dieselben blieben aber Winter und Frühling hängen.

Bei Juniperus virginiana ebenso.

Bei Pinus-Arten waren meist die Cotyledonen im Frühling des 1. Jahres, die ersten Primärblättchen am Ende des 2. Jahres vertrocknet. Ende des 2. Jahres waren die Cotyledonen bei Chamaecyparis pisifera, obtusa, Lawsoniana, Tsuga, Abies sibirica, Thuja Menziesii, Thuja japonica abgestorben.

Bis Ende des 3. Jahres sind die Cotyledonen abgestorben bei Pseudotsuga, Taxus, Cryptomeria, auch bei Picea, während bei Abies die Cotyledonen bis Ende des 4. Jahres vertrocknen.

Bis Ende des 5. Jahres sterben die Cotyledonen von Sciadopitys ab.

Die Spaltöffnungen finden sich bei allen Nadelhölzern, ausser bei Sciadopitys, auf der Oberseite der Cotyledonen.

(Anm. In den Gattungen kommen natürlich Abweichungen vor, wie das Lebensalter der Keimblätter und Blätter nach äusseren Verhältnissen bei den Species wechseln kann.)

12. Der **Uebergang von den ersten Primärblättchen zu den späteren typischen Laubblättern** vollzieht sich verschieden schnell.

Bei Pinus werden später noch Primärblättchen als trockenhäutige Schuppen gebildet und als Rosettenblätter aus schlafenden Quirlknospen bei Verletzungen, ja normaler Weise bis zu 5jährigen Trieben bei Pinus Pinea entwickelt, wo sie dann ein mehrjähriges Alter besitzen.

Die späteren Nadeln dagegen stehen in Kurztrieben, welche sich vom 2. Jahre an bilden.

Die Primärnadeln sind 3kantig, die Kurztriebnadeln sind 2kantig planconvex bei den 2 Nadlern, sonst entsprechend 3kantig geformt.

Die Lärche bildet im ersten Jahre Primärblätter; schon in der Achsel der ersten findet man eine Knospe. Vom 2. Jahre an werden Kurztriebe mit sommergrünen Nadeln im Büschel gebildet. Die Langtriebe tragen aber auch später stets einfache Nadeln in spiraliger Stellung. Die Primärblätter des ersten Jahres sind an den Triebspitzen wintergrün.

Aehnlich ist es bei Cedrus, nur dass die Nadeln wintergrün und von mehrjähriger Lebensdauer sind.

Bei Sciadopitys stehen an den Langtrieben nur schuppenförmige, unscheinbare Niederblätter, in deren Achseln sich zu Quirlen die Kurztriebe mit den 2 verwachsenen Nadeln schirmförmig ausbreiten. Aber auch hier finden wir im ersten Jahre nach den Cotyledonen einige (2—4) grüne, einfache Nadeln als Primärblättchen von mehrjährigem Alter ausgebildet.

Bei Abies sind die Primärblättchen einfach zugespitzt, worauf alsbald die typischen Nadeln gebildet werden; ebenso ist bei der Fichte der Unterschied der ersten und späteren Nadeln nicht sehr auffallend. Aehnlich ist es mit Tsuga, Pseudotsuga, Taxus, Juniperus communis.

Bei Cryptomeria sind die ersten Blättchen nicht decurrent, wie die typischen Nadeln des 2. Jahres und tragen die Spaltöffnungen nach oben.

Die Cupressineen haben nach den Cotyledonen einfache Primärnadeln zu zweien decussirt oder in 4zähligen Quirlen (siehe Tabelle), bis die Bildung typischer Blätter beginnt, welche am Haupttrieb wieder anders ausgebildet sind, wie die Blätter der

Seitentriebe (bei den meisten: Kanten- und Flächenblätter). Verschieden verhalten sich hier Cupressus, Thuja, Biota, Thujopsis, Chamaecyparis, Libocedrus, Juniperus Sabina und virginiana.

Flächen- und Kantenblätter entwickeln z. B. schon im 2. Jahre: Thuja Menziesii, japonica, occidentalis, Chamaecyparis obtusa, Lawsoniana, Thujopsis dolabrata u. s. w.

Die Cupressineen unterscheiden sich auch darin, dass ihr Stämmchen des ersten Jahres mit den Primärblättern sich sehr verschieden entwickelt.

So wird es bei Thujopsis nur etwa 10 mm hoch und bildet im 2. Jahre sogleich Schuppenblätter.

Biota wird ca. 40 mm lang und bildet im 2. Jahre Schuppenblätter.

Chamaecyparis Lawsoniana wird ca. 30 mm lang und bildet im 2. Jahre Schuppenblätter.

Thuja Menziesii wird ca. 50 mm lang und bildet im 2. Jahre Schuppenblätter.

Bei letzterer und anderen entwickeln die im 1. Jahre angelegten Achselknospen der Primärblättchen beim Austreiben im 2. Jahre Seitentriebe mit Schuppenblättern, wodurch diese sehr nahe der Basis schon erscheinen, wie auch die Kurztriebe bei der Lärche, während bei Chamaecyparis Lawsoniana und anderen ein längerer Stengeltheil ohne Seitenäste und nur mit Primärblättchen besetzt bleibt.

Hier haben auch Aeste des 2. Jahres anfangs noch Primärblättchen, welche allmählich in Schuppenblätter übergehen und nicht mehr wie am epicotylen Glied in 4 zähligen Quirlen, sondern decussirt stehen.

Exemplare verschiedener Cupressineen, welche keine Schuppenblätter bilden, sondern einfache Blättchen behalten, wurden früher in einer Gattung Retinispora zusammengefasst, bis sie als gärtnerische Formen den entsprechenden Species, die in normaler Weise aus ihrem Samen sich entwickeln, zugetheilt wurden.

Alphabetisches Verzeichniss der Holzarten.

(Die Zahlen dieses Verzeichnisses weisen auf die Seiten der speciellen Hauptbeschreibung der Samen und Keimlinge hin. Sind die Zahlen fett gedruckt, so befindet sich daselbst eine Abbildung; die erste Zahl bezieht sich auf die Samen, die zweite auf die Keimlinge. — Tabellen und Capitel des Anhangs sind hier nicht berücksichtigt; diese werden besser nach dem' allgemeinen Inhaltsverzeichniss, S. VII, nachgeschlagen.)

Buchdruckerei von Gustav Schade (Otto Francke) in Berlin N.